高职高专机电类专业系列教材

金属材料与热处理

主　编　金晓华

副主编　孙海影　陈玉龙

参　编　宋华宏　王庆辉

机械工业出版社

本书从应用出发，紧紧围绕材料的化学成分、组织结构与性能的关系来阐述各类材料的基本特征，以改善材料性能的技术途径以及合理选择材料、使用材料的原则和方法为依据，以金属材料的性能及改性为核心，重点培养学生合理、正确选用金属材料的能力。

本书共有 11 个模块，内容包括金属材料的性能、金属的晶体结构与结晶、二元合金的相结构与结晶、铁碳合金相图、钢的热处理、金属的塑性变形与再结晶、工业用钢、铸铁、非铁金属及其合金、机械零件材料的选用、金属材料与热处理实验。

本书为高等职业院校机械类或近机械类专业教学用书，也可作为职业培训教材或供相关工程技术人员参考。

本书配套有电子课件及综合训练题参考答案，凡选用本书作为教材的教师可登录机械工业出版社教育服务网（www.cmpedu.com），注册后免费下载。咨询电话：010-88379375。

图书在版编目（CIP）数据

金属材料与热处理/金晓华主编. —北京：机械工业出版社，2020.7
（2024.1 重印）

高职高专机电类专业系列教材

ISBN 978-7-111-65505-3

Ⅰ.①金… Ⅱ.①金… Ⅲ.①金属材料-高等职业教育-教材②热处理-高等职业教育-教材 Ⅳ.①TG14②TG15

中国版本图书馆 CIP 数据核字（2020）第 072746 号

机械工业出版社（北京市百万庄大街 22 号 邮政编码 100037）
策划编辑：于奇慧 责任编辑：于奇慧 赵文婕
责任校对：王 欣 封面设计：张 静
责任印制：常天培
固安县铭成印刷有限公司印刷
2024 年 1 月第 1 版第 5 次印刷
184mm×260mm·11.5 印张·279 千字
标准书号：ISBN 978-7-111-65505-3
定价：38.00 元

电话服务
客服电话：010-88361066
010-88379833
010-68326294

网络服务
机 工 官 网：www.cmpbook.com
机 工 官 博：weibo.com/cmp1952
金 书 网：www.golden-book.com

封底无防伪标均为盗版 机工教育服务网：www.cmpedu.com

前言 PREFACE

　　为了进一步加强职业教育教材建设，编者基于长期对教学改革研究、实践以及多年的教学经验编写了本书。

　　本书以培养实用型人才为目标，以满足目前就业市场需要为核心，注重培养学生的实践能力和创新能力。本书结构合理、文字精练、图解直观，能形象生动地突出职业教育特色。全书紧紧围绕材料的化学成分、组织结构与性能的关系来阐述各类材料的基本特征；以改善材料性能的技术途径及合理选择材料、使用材料的原则和方法为依据，以金属材料的性能及改性为核心，以金属材料的性能与成分、组织结构、加工工艺之间的关系为主线，重点培养学生合理、正确选用金属材料的能力。

　　本书的主要特点如下：

　　1) 内容侧重于应用理论、应用技术和材料的选用，强调密切联系生产实际，力求突出实践应用，注重技能培养。

　　2) 全书围绕主线编排相关内容，注重各部分内容的衔接。

　　3) 突出知识的应用性、实践性和创新性，并采用现行的国家及行业标准。

　　4) 以学生能力的培养和提升为教学重点，力求少而精，以"够用、适度"为原则。

　　本书由长春汽车工业高等专科学校具有丰富教学经验和实践能力的专业教师、企业工程师共同完成，课程内容紧贴生产实际，为学生毕业后进入企业的无缝对接奠定了良好的基础。

　　本书由金晓华任主编，孙海影、陈玉龙担任副主编。孙海影编写模块一、模块二、模块三和模块四，陈玉龙编写模块六，金晓华编写绪论、模块五、模块七、模块八和模块十一，王庆辉编写模块九和模块十，金晓华、宋华宏编写综合训练。

　　在本书的编写过程中，参考了许多文献资料，在此向资料的原作者表示诚挚的谢意。

　　由于编者水平有限，书中不妥和疏漏之处在所难免，敬请读者批评指正。

编　者

CONTENTS 目录

绪论
CHAPTER 0

一、工程材料在国民经济中的地位

材料是人类用来制造机器、构件、器件和其他产品的物质，是人类生产和生活的重要物质基础。人类社会发展的历史表明：生产技术的进步和生活水平的提高与新材料的应用息息相关。

人类为了生存和生产，总是不断地探索、寻找制造生产工具的材料，每一种新材料的发现和应用，都会促使生产力向前发展，并给人类生活带来巨大的变革，把人类社会和物质文明推向一个新的阶段。当今，材料、信息、能源和生物工程已成为当代技术的四大支柱。

工程材料是用于制造工程结构和机械零件的主要结构材料。其中金属材料在机械工业生产中应用最广泛，在各种机器设备中约占90%以上。工程材料来源丰富，并具有优良的使用性能和工艺性能，其中金属材料还可以通过热处理等手段改变其性能，且用途广泛。

二、工程材料的分类及应用

生产中用来制作机械工程结构、零件和工具的材料常称为机械工程材料。按物理化学属性分为金属材料、无机非金属材料、有机高分子材料和复合材料。

金属材料是重要的机械工程材料，它是金属及其合金的总称，即金属元素或以金属元素为主体构成的具有金属特性的物质。金属材料中的钢铁材料在工程上应用得十分广泛，约占全部结构材料和工具材料的70%以上。金属材料包括钢铁材料和非铁金属（如铜及铜合金、铝及铝合金等）两大类。科学技术的进步促进了新型材料的发展，球墨铸铁、合金铸铁、铸造合金钢、耐热钢、不锈钢、镍合金、钛合金和硬质合金等相继形成系列并得到推广使用。钛和钛合金被认为是21世纪的重要材料。它具有熔点高、密度小、可塑性好、易于加工、力学性能好等很多优良的性能，尤其是耐蚀性非常好，远优于不锈钢，即使将其放在海水中数年，取出后仍光亮如新，因此被广泛用于制造火箭、导弹、航天飞机、船舶、化工设备和通信设备等。

随着石油化学工业的发展，促进了合成材料的兴起，工程塑料、合成橡胶和胶粘剂等有机高分子材料在机械工程材料中的比重逐步提高；宝石、玻璃和特种陶瓷材料等无机非金属材料在机械工程中的应用也逐步扩大。

目前，复合材料也已经成为一种重要而独立的工程材料。复合材料是把两种或两种以上不同性质（不同结构）的材料以微观或宏观的形式组合在一起而形成的材料，例如，现代航空发动机燃烧室中温度最高的材料就是通过粉末冶金法制备的氧化物粒子弥散强化的镍基合金复合材料，而很多高级游艇、赛艇及体育器械等均是由碳纤维复合材料制成的，它们因具有重量轻、弹性好、强度高等优点而被大量使用。

现如今，金属材料、非金属材料和复合材料之间相互补充，相互结合，已经形成了一个完整的材料体系。

三、金属材料的发展

我国金属材料的发展可追溯到史前。早在公元前 4000 年，人类社会进入青铜器时代，在公元前约 2000 年的夏朝，我们的祖先已经能够炼铜，到了殷、商时期，我国的青铜冶炼和铸造技术已达到很高水平。在河南安阳晚商遗址出土的司母戊鼎，现称后母戊鼎，就是用青铜铸造的，其高为 133cm、重达 875kg，花纹精巧，造型完美。这充分说明了我国远在商代就已经拥有了高度发达的青铜冶炼和铸造技术。

春秋晚期越国的青铜兵器——越王勾践剑，出土于湖北江陵望山楚墓，长为 55.7cm，宽 4.6cm，剑锷锋芒犀利，能割断头发。我国从春秋战国时期便开始大量使用铁器，明朝科学家宋应星在《天工开物》一书中就记载了古代的渗碳热处理等工艺。这说明早在欧洲工业革命之前，我国在金属材料及热处理方面就已经取得了较高的成就。新中国成立后，我国在鞍山、攀枝花、上海、武汉等地先后建起了大型钢铁基地，使得钢产量由 1949 年的 15.8 万 t 上升到现在的 1 亿 t。制造原子弹、氢弹、卫星等所用的材料对性能要求极高。可见，高技术的实现需要先进材料的支撑。

以材料的使用为标志，人类社会已经历了石器时代、陶器时代、青铜器时代、铁器时代及人工合成材料的时代。随着经济的飞速发展和科学技术的进步，对材料的要求越来越苛刻，结构材料朝着高比强、高刚度、高韧性、耐热、耐蚀、抗辐照和多功能的方向发展。

四、本课程的性质和学习方法

课程"金属材料与热处理"是从材料的使用出发，紧紧围绕材料的化学成分、组织结构和性能的关系，阐述各类材料的基本特征，改善材料性能的技术途径以及合理选择材料、使用材料的原则和方法。

本课程是机械类和近机类各专业的技术基础课。课程目标是使学生了解工程材料的一般知识；建立金属材料的化学成分、组织结构、加工工艺与性能之间的关系。

本课程具有较强的理论性和应用性，学习中应注重分析、理解与运用，并注意前后知识的综合应用。为了提高独立分析问题、解决问题的能力，在系统的理论学习外，还要注意密切联系生产实际，重视实验环节，认真完成作业。学习本课程之前，学生应具备必要的生产实践认知和专业基础知识。

五、本课程的教学目标

1）熟悉常用机械工程材料的成分、加工工艺、组织结构与性能间的关系及变化规律。
2）掌握常用机械工程材料的牌号、成分、组织、性能及用途。

3）了解常用工程塑料的种类、结构特点、性能和应用；了解陶瓷、橡胶、复合材料等的特点及应用。

4）具有正确选定一般机械零件的热处理方法及确定其工序位置的能力。

5）具备选用常用材料的能力及妥善安排生产工艺路线的能力。

"金属材料与热处理"是一门综合性专业基础课程，只有学好本门课程，才能为后续的专业课程学习、毕业实践等奠定基础，为今后从事生产技术工作积累必需的知识储备。

模块一
CHAPTER 1

金属材料的性能

【学习目标】

1. 知识目标

1）了解材料力学性能指标的测定原理及相关实验仪器设备的结构、应用及其组成。

2）掌握材料的强度、刚度、塑性、硬度、韧性、疲劳强度的基本含义与应用。

2. 技能目标

掌握强度、刚度、塑性、硬度、冲击吸收能量、疲劳强度的测定方法。

单元一　金属材料的力学性能

金属材料的性能是指用以表征材料在给定外界条件下的行为参量，当外界条件发生变化时，同一种材料的某些性能也会随之变化。通常金属材料的性能包括两个方面：使用性能和工艺性能。使用性能是指金属材料在使用过程中所表现出来的特性，包括物理性能、化学性能和力学性能。由于多数机械零件是在常温、常压及非强烈腐蚀性介质中工作，而且在使用过程中受到不同性质载荷的作用，所以设计零（构）件时，在选用材料和鉴定工艺质量时，大多以力学性能为主要依据，因此，熟悉和掌握金属材料的力学性能是非常重要的。

金属材料的力学性能是指材料在载荷作用下所表现出来的特性（即金属材料在载荷作用下所显示的与弹性和非弹性反应相关或涉及应力-应变关系的性能）。它取决于材料本身的化学成分和材料的微观组织结构，是选用金属材料的重要依据。常用的力学性能指标有强度、刚度、塑性、硬度、韧性、疲劳强度等。

一、低碳钢拉伸试验

金属材料的强度、刚度与塑性可通过静拉伸试验测得。试验前，将被测定金属材料（退火低碳钢）制成一定形状和尺寸的标准拉伸试样，最常用的是圆形截面拉伸试样，如图1-1所示。图中 d_0 为标准拉伸试样的原始直径，L_0 为标准拉伸试样的原始标距，d_u 为标准拉伸试样拉断后缩颈处的最小直径，L_u 为标准拉伸试样被拉断后重新对接的标距。拉伸试样分两种：一种为长试样（$L_o = 10d_o$），一种为短试样（$L_o = 5d_o$）。

试验时，将试样装夹在拉伸试验机（图 1-2）上，并缓慢施加拉伸载荷，试样则不断产生变形，直至被拉断。试验机自动记录装置可将整个拉伸过程中的拉伸载荷和伸长量描绘出一条曲线。以拉伸载荷 F 为纵坐标，伸长量 ΔL 为横坐标，由此得到 F-ΔL 曲线，称为力-伸长曲线，如图 1-3 所示。在拉伸过程中，试样表现出以下几个变形阶段。

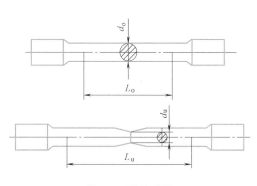

图 1-1 拉伸试样　　　　　　　　图 1-2 拉伸试验机

（1）弹性阶段（Op、pe 段）　产生弹性变形。当载荷不超过 F_p 时，拉伸曲线 Op 为一条直线段，试样的变形量与外载荷成正比。在 pe 段，试样仍处于弹性变形阶段，但载荷与变形量不成正比。此阶段若卸除载荷，试样恢复原状。

（2）屈服阶段（es 段）　产生塑性变形。当载荷继续增加时，曲线在 s 点附近出现一平台或锯齿状线段，这时载荷不增加或只有微小增加，试样仍继续伸长，这种现象称为屈服现象，出现平台时的 s 点称为屈服点。

（3）强化阶段（sm 段）　屈服阶段过后，材料进入强化阶段，此时需要继续增加载荷，试样才会继续伸长，表明试样恢复了抵抗拉伸的能力，这种现象称为形变强化或应变硬化。

（4）缩颈阶段（mk 段）　随着载荷继续增加，拉伸曲线幅度逐渐减小。当载荷达到 F_m 时，试样直径发生局部收缩，这种现象称为缩颈现象。此时载荷逐渐降低，变形集中在缩颈部位。当载荷降低到 F_k 时，试样被拉断。

因此，拉伸试样经过弹性、屈服、强化、缩颈四个阶段，其产生的形变如图 1-4 所示。

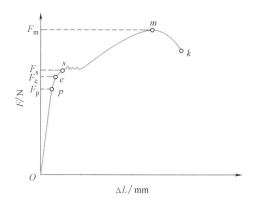

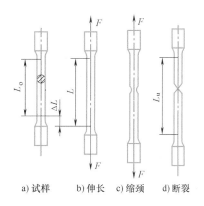

图 1-3 低碳钢的力-伸长曲线　　　　　　图 1-4 试样变化过程

由于拉伸试样有长短之分，其拉伸试验的载荷与伸长量曲线会有差异，因此，为了消除试样尺寸的影响，采用应力-应变曲线进行分析，如图1-5所示。应力是试样在单位面积上承受的载荷，即载荷 F 除以试样的原始横截面积 S_o，单位为 MPa（兆帕）。应变为试样单位长度的伸长量，即试样标距长度的伸长量 ΔL 除以试样原始标距长度 L_o。

应力-应变曲线的形状与力-伸长曲线相似，只是坐标和数值不同，从中可以分析金属材料的一些力学性能。

二、强度

强度是指材料在载荷作用下，抵抗永久变形和断裂的能力。工程上常用的强度指标有屈服强度和抗拉强度。

1. 屈服强度

屈服强度是指金属材料产生屈服现象时的屈服极限，也就是抵抗微量塑性变形的应力，可分为上屈服强度 R_{eH} 和下屈服强度 R_{eL}，分别指屈服阶段的最大和最小（不计初始瞬时效应时）应力值。由于下屈服强度的数值较为稳定，因此常以它作为材料屈服强度的指标，单位为 MPa，即

$$R_{eL} = \frac{F_s}{S_o} \tag{1-1}$$

式中　F_s——试样发生屈服时，不计初始瞬时效应时的最小载荷（N）；
　　　S_o——试样的原始横截面积（mm^2）。

有些金属材料，如高碳钢、铸铁等，在拉伸过程中没有发生明显的屈服现象，很难测出屈服强度。图1-6所示为铸铁的力-伸长曲线。相关国家标准规定，一般以残余伸长率为0.2%时对应的应力作为脆性材料的屈服强度，用 $R_{r0.2}$ 表示，即

$$R_{r0.2} = \frac{F_{0.2}}{S_o} \tag{1-2}$$

式中　$F_{0.2}$——试样的残余伸长率达0.2%时的载荷（N）；
　　　S_o——试样的原始横截面积（mm^2）。

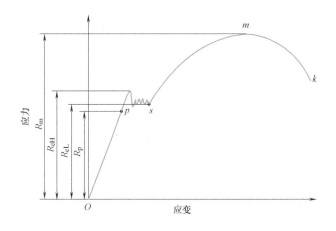

图1-5　退火低碳钢的应力-应变曲线

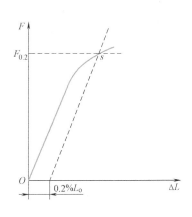

图1-6　铸铁的力-伸长曲线

2. 抗拉强度

抗拉强度是指试样拉断前所能承受的最大应力，用符号 R_m 表示，单位为 MPa，即

$$R_m = \frac{F_m}{S_o} \qquad (1\text{-}3)$$

式中　　F_m——试样在拉伸过程中所承受的最大载荷（N）；

　　　　S_o——试样的原始横截面积（mm^2）。

抗拉强度是衡量材料性能的重要指标之一。当机械零件工作中承受的应力大于材料的抗拉强度时，零件会发生断裂，所以 R_m 表征材料抵抗断裂的能力。R_m 越大，材料破坏断裂的抗力就越大。

在工程上，把 R_{eL}/R_m 称为屈强比。屈强比是材料的一个重要指标，比值越大，越能发挥材料的性能潜质。但为了安全起见，屈强比的取值一般在 0.65~0.75 之间。

三、刚度

材料受力时，抵抗弹性变形的能力称为刚度，它表示材料产生弹性变形的难易程度。刚度的大小，通常用弹性模量 E（单向拉伸或压缩时）及切变模量 G（剪切或扭转时）来评价。弹性模量 E 可理解为在弹性范围内应力与应变的比值，其值越大，刚度越大，即具有特定外形尺寸的零（构）件保持其原有形状尺寸的能力也越大，也就是说弹性变形越不容易发生。弹性模量的大小主要取决于金属的本性（晶格类型和原子结构），而与金属的纤维组织无关，但温度变化会对弹性模量产生影响，温度升高，弹性模量减小。

四、塑性

塑性是指材料在断裂前发生不可逆的变形的能力，常用断后伸长率和断面收缩率来表示。

1. 断后伸长率

断后伸长率是指试样拉断后标距的伸长量与原始标距的百分比，用符号 A 表示，即

$$A = \frac{L_u - L_o}{L_o} \times 100\% \qquad (1\text{-}4)$$

式中　　L_o——试样的原始标距；

　　　　L_u——试样拉断后对接的标距。

断后伸长率的数值和试样标距有关。$A_{11.3}$ 表示长试样（$L_o = 10d_o$）的断后伸长率，A 表示短试样（$L_o = 5d_o$）的断后伸长率。同种材料的短试样的 A 值大于长试样的 $A_{11.3}$ 值，所以相同符号的伸长率才能进行比较。

2. 断面收缩率

断面收缩率是指试样拉断后缩颈处最小横截面积的缩减量与原始横截面积的百分比，用符号 Z 表示，即

$$Z = \frac{S_o - S_u}{S_o} \times 100\% \qquad (1\text{-}5)$$

式中　　S_o——试样的原始横截面积；

S_u——试样拉断后缩颈处最小横截面积。

断后伸长率 A 和断面收缩率 Z 越大，材料的塑性变形量越大，材料的塑性就越好。任何零件都要求其材料具有一定的塑性，主要是由于机械零件在使用过程中虽然不允许发生塑性变形，但在偶然过载时，塑性好的材料发生一定的塑性变形而不致突然断裂；再者，材料的塑性变形可以减弱应力集中、消减应力峰值，零件在使用时更显安全。对于进行压力加工（锻造、轧制、冲压等）的型材或零件，其材料必须具有良好的塑性。

五、硬度

硬度是指材料抵抗局部变形，特别是塑性变形、压痕或划痕的能力，它是衡量材料软硬的指标。硬度值的大小不仅取决于材料的成分和组织结构，还取决于测定方法和试验条件。

硬度试验的设备简单，操作迅速方便，一般不需要破坏零件或构件。对于大多数金属材料，硬度与其他的力学性能（如强度、耐磨性）及工艺性能（如切削加工性、焊接性等）之间存在着一定的对应关系。因此，在工程上，硬度被广泛地用于检验原材料和热处理件的质量、鉴定热处理工艺的合理性，以及作为评定工艺性能的参考因素。

常见的硬度试验方法有布氏硬度试验（主要用于原材料检验）、洛氏硬度试验（主要用于热处理后的产品检验）、维氏硬度试验（主要用于薄板材料及材料表层的硬度测定）、显微硬度试验（主要用于测定金属材料的显微组织及各组成相的硬度）等。本书只介绍生产上常用的布氏硬度、洛氏硬度及维氏硬度。

1. 布氏硬度

（1）布氏硬度的试验原理 布氏硬度计及试验原理如图 1-7 所示。试验时，用一定直径 D 的硬质合金球作为压头，以相应的试验载荷 F 压入试样的表面，经规定保持时间后，卸除试验载荷，测量试样表面的压痕平均直径 d，然后根据压痕平均直径 d 计算其硬度值。布氏硬度用符号 HBW 表示。布氏硬度值为试验载荷 F 除以压痕球形表面积 S 所得，单位为 N/mm^2，即

$$HBW = \frac{F}{S} = 0.102 \times \frac{2F}{\pi D(D - \sqrt{D^2 - d^2})} \tag{1-6}$$

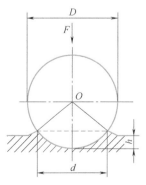

a) 布氏硬度计   b) 布氏硬度试验原理

图 1-7　布氏硬度计及试验原理

当 F、D 一定时，布氏硬度值仅与压痕平均直径 d 的大小有关。d 越小，布氏硬度值越大，材料硬度越高；反之，则说明材料硬度越低。在实际应用中，布氏硬度值一般不用计算，只需根据测出的压痕平均直径 d 查表即可得到硬度值。习惯上布氏硬度计算值不标单位。

（2）布氏硬度的表示方法　布氏硬度值标注在符号 HBW 的前面，最高可测值为 650HBW。完整的表示方法为：硬度值+符号（HBW）+试验条件。例如，180HBW10/1000/30 表示用直径为 10mm 的硬质合金球作为压头，在 9.8kN（1000kgf）的试验载荷作用下保持 30s，所测得的硬度值为 180；500HBW5/750 表示用直径为 5mm 的硬质合金球作为压头，在 7.35kN（750kgf）的试验载荷作用下保持 10~15s（不标注），测得的硬度值为 500。

在进行布氏硬度试验时，应根据被测金属材料的种类和试件厚度，按一定的试验规范正确地选择压头直径 D，试验载荷 F 和保持时间 t，见表 1-1。

（3）布氏硬度的特点及应用　在进行布氏硬度试验时，压痕面积较大，受测量不均匀度的影响较小，故测量结果较准确，适合于测量组织粗大且不均匀的金属材料的硬度，如铸铁，非铁金属及其合金，各种退火、正火或调质状态的钢材等。另外，由于布氏硬度与 F_m 之间存在一定的经验关系，因此得到了广泛的应用。但布氏硬度试验时的压痕较大，不宜用来测成品件和具有较高精度要求配合面的零件、小件及薄件。此外，布氏硬度也不能用来测硬度太高的材料。

表 1-1　布氏硬度试验规范

材料种类	布氏硬度值范围	压头直径 D/mm	$0.102F/D^2$	试验载荷 F/N（kgf）	保持时间 /s	备　　注
钢、铸铁	≥140	10	30	29420（3000）	10	压痕中心距试样边缘的距离不应小于压痕平均直径的 2.5 倍 相邻压痕中心的距离不应小于压痕平均直径的 3 倍 试样厚度至少应为压痕深度的 8 倍。试验后，试样背面应无明显变形痕迹
		5		7355（750）		
		2.5		1839（187.5）		
	<140	10	10	9807（1000）	10~15	
		5		2452（250）		
		2.5		613（62.5）		
非铁金属材料	≥130	10	30	29420（3000）	30	
		5		7355（750）		
		2.5		1839（187.5）		
	35~130	10	10	9807（1000）	30	
		5		2452（250）		
		2.5		613（62.5）		
	<35	10	2.5	2452（250）	60	
		5		613（62.5）		
		2.5		153（15.5）		

2. 洛氏硬度

（1）洛氏硬度的试验原理　洛氏硬度是在初试验力 F_0 及主试验力 F_1 的先后作用下测得的。图 1-8 所示为洛氏硬度计及试验原理。图中 X 表示时间，Y 表示压头位置，4 为残余压痕深度 h，5 为试样表面，6 为测量基准面，8 为压头深度相对时间的曲线。试验时，将金刚石压头（压头锥角为 120°，顶部曲率半径为 0.2mm）或碳化钨合金球压头（直径为 1.5875mm 或 3.175mm）压入试样表面，加载初试验力 F_0 后，测量初试验力作用下的压痕深度 1。随后施加主试验力 F_1，测量主试验力引起的压痕深度 2。在卸除主试验力 F_1 后保持初试验力时测量最终压痕深度 3。洛氏硬度根据最终压痕深度和初始压痕深度的差值 h 及常数 N 和 S（表 1-2 和表 1-3）计算得出，即

$$洛氏硬度 = N - \frac{h}{S}$$

a) 洛氏硬度计

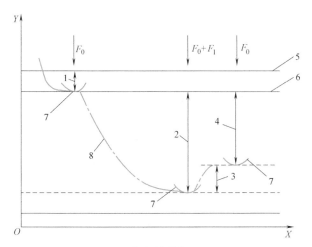

b) 洛氏硬度试验原理

图 1-8　洛氏硬度计及试验原理

（2）洛氏硬度的表示方法　表 1-2 为洛氏硬度标尺，表 1-3 为表面洛氏硬度标尺。洛氏硬度用符号 HR 表示，HR 前面为硬度数值，HR 后面为使用的标尺，例如，70HR30TW 表示使用碳化钨合金球形压头，表面洛氏硬度标尺为 30T 时，测定的洛氏硬度值为 70。

表 1-2　洛氏硬度标尺

洛氏硬度标尺	硬度符号单位	压头类型	初试验力 F_0/N	总试验力 F/N	标尺常数 S/mm	全量程常数 N	适用范围
A	HRA	金刚石圆锥	98.07	588.40	0.002	100	20~95HRA
B	HRBW	直径为 1.5875mm 的球	98.07	980.70	0.002	130	10~100HRBW
C	HRC	金刚石圆锥	98.07	14710	0.002	100	20[①]~70HRC
D	HRD	金刚石圆锥	98.07	980.70	0.002	100	40~77HRD
E	HREW	直径为 3.175mm 的球	98.07	980.70	0.002	130	70~100HREW
F	HRFW	直径为 1.5875mm 的球	98.07	588.40	0.002	130	60~100HRFW
G	HRGW	直径为 1.5875mm 的球	98.07	14710	0.002	130	30~94HRGW
H	HRHW	直径为 3.175mm 的球	98.07	588.40	0.002	130	80~100HRHW
K	HRKW	直径为 3.175mm 的球	98.07	14710	0.002	130	40~100HRKW

① 当金刚石圆锥表面和顶端球面经过抛光，且抛光至沿金刚石圆锥轴向距离尖端至少为 0.4mm 时，试验适用范围可延伸至 10HRC。

（3）洛氏硬度的特点及应用　在洛氏硬度试验中，选择不同的试验载荷和压头类型对应不同的洛氏硬度标尺，以适应不同材料的硬度测定需要。洛氏硬度试验操作简便、迅速，测量硬度值范围大，压痕小，可直接测成品和较薄工件。但由于试验载荷较大，不宜用来测定极薄工件及渗氮层、金属镀层等的硬度；同时，由于压痕小，对于内部组织和硬度不均匀

表 1-3　表面洛氏硬度标尺

表面洛氏硬度标尺	硬度符号单位	压头类型	初试验力 F_0/N	总试验力 F/N	标尺常数 S/mm	全量程常数 N	适用范围
15N	HR15N	金刚石圆锥	29.42	147.10	0.001	100	70~94HR15N
30N	HR30N	金刚石圆锥	29.42	294.20	0.001	100	42~86HR30N
45N	HR45N	金刚石圆锥	29.42	441.30	0.001	100	20~77HR45N
15T	HR15TW	直径为 1.5875mm 的球	29.42	147.10	0.001	100	67~93HR15TW
30T	HR30TW	直径为 1.5875mm 的球	29.42	294.20	0.001	100	29~82HR30TW
45T	HR45TW	直径为 1.5875mm 的球	29.42	441.30	0.001	100	10~72HR45TW

的材料,测定结果波动较大,故需在不同位置测试三点硬度值并取其算术平均值作为最终的测量结果。洛氏硬度无单位,各标尺之间没有直接的对应关系。

3. 维氏硬度

(1) 维氏硬度的试验原理　维氏硬度试验时,根据压痕单位面积上的力来计算硬度值。与布氏硬度试验的区别在于压头采用锥面夹角为 136° 的金刚石正四棱锥体,将其用选定的试验力压入试样表面,按规定保持一段时间后卸除试验力,测量压痕两对角线长度。图 1-9 所示为维氏硬度计及试验原理。在实际测量时,硬度值不需要计算,一般用装在机体上的测量显微镜测出压痕投

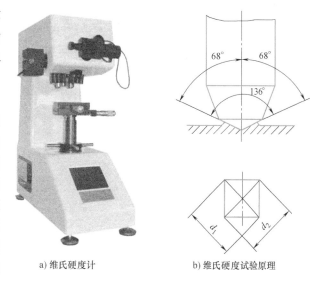

a) 维氏硬度计　　　　b) 维氏硬度试验原理

图 1-9　维氏硬度计及试验原理

影的两条对角线的长度,并计算出平均值 d,根据 d 的大小查表,即可求出所测的硬度值。

(2) 维氏硬度的表示方法　维氏硬度用符号 HV 表示,HV 前面为硬度值,HV 后面表示试验条件(试验力/保持时间),当保持时间为 10~15s 时,省略不标。例如,640HV30 表示用 294.2N(30kgf)的试验力,保持 10~15s,测定的维氏硬度值为 640。

(3) 维氏硬度的特点及应用　维氏硬度使用范围较广,尤其适合于测定金属镀层、薄片金属及化学热处理后的表面硬度,结果精确可靠。维氏硬度的特点是不存在试验力与压头直径有一定比例关系的约束,不存在压头变形问题,压头轮廓清晰,但测量效率不如洛氏硬度高。

六、韧性

强度、塑性、硬度等力学性能指标都是静态力学性能指标。在实际生产中,许多零件是在冲击载荷作用下工作的,如压力机的冲头、锻锤的锤杆、风动工具等。对于这类零件,不仅要满足在静载荷作用下的性能要求,还应具有足够的韧性,才能防止发生突然的脆性断裂。

韧性是指材料在塑性变形和断裂过程中吸收能量的能力。材料的韧性不仅取决于材料的本身因素，还和外界条件有关，特别是加载速率、应力状态、温度及介质等因素对其有很大的影响。

1. 冲击韧性

金属材料在冲击载荷作用下抵抗破坏的能力称为冲击韧性。工程上，常采用夏比冲击试验来测定金属材料的冲击吸收能量，如图 1-10 所示。被测金属按照国家标准制成带有 V 型或 U 型缺口的标准试样，如图 1-11 所示。脆性材料不开缺口。将试样放在摆锤式冲击试验机的支座上，使缺口背向摆锤。将质量为 m 的锤摆升到一定高度 h_1，使之自由落下将试样击断。由于惯性作用，击断试样后的锤摆继续升高一定高度 h_2。根据能量守恒原理，摆锤一次冲断试样所消耗的能量为

$$K = mgh_1 - mgh_2 = mg(h_1 - h_2) \tag{1-7}$$

K 为冲击吸收能量，其数值可以从试验机的刻度盘上直接读出，单位是焦耳（J）。V 型缺口试样和 U 型缺口试样的冲击吸收能量分别表示为 KV 和 KU。

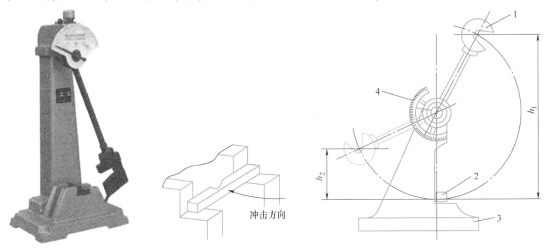

a) 夏比冲击试验机   b) 夏比冲击试验原理

图 1-10　夏比冲击试验机及试验原理

1—摆锤　2—试样　3—机架　4—刻度盘

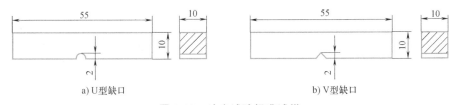

a) U 型缺口   b) V 型缺口

图 1-11　冲击试验标准试样

对于一般常用钢材，所测吸收能量 K 越大，表明材料的韧性越好，受到冲击时越不易断裂。但由于测出的吸收能量比较复杂，所以有时 K 值不能真正反映材料的韧脆性质。

温度不同，测定的冲击吸收能量也不同。图 1-12 所示为冲击吸收能量-温度曲线。由图可见，冲击吸收能量随着试验温度的下降而减小。在某个温度区间，冲击吸收能量急剧下降，试样由韧性断口转变为脆性断口，这个温度区间称为韧脆转变温度范围。金属材料的韧

脆转变温度越低，表明材料的低温抗冲击性能越好。选择金属材料时，应使该材料的韧脆转变温度低于其服役环境的最低温度。此外，冲击吸收能量还与试样的形状、尺寸、表面粗糙度、内部组织及缺陷等因素有关。所以冲击吸收能量一般只能作为选材的参考，而不能直接用于强度计算。

2. 断裂韧度

（1）低应力脆断的概念　有些高强度材料的机件常常在远低于屈服强度的状态下发生脆性断裂；中、低强度的重型机件、大型结构件也有类似情况，这就是低应力脆断。发生的突然折断之类的事故，往往都属于低应力脆断。研究和试验表明，低应力脆断总是与材料内部的裂纹及裂纹的扩展有关。因此，裂纹是否易于扩展，就成为衡量材料是否易于断裂的一个重要指标。

（2）裂纹扩展的基本形式　裂纹扩展可分为张开型（Ⅰ型）、滑开型（Ⅱ型）和撕开型（Ⅲ型）三种基本形式，如图1-13所示。其中以张开型（Ⅰ型）最危险，最容易引起脆性断裂，本单元以此为讨论对象。

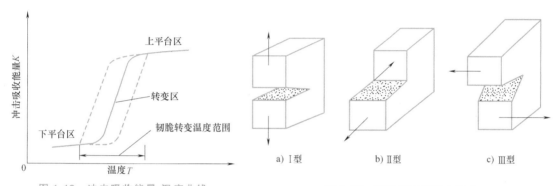

图 1-12　冲击吸收能量-温度曲线　　　　　图 1-13　裂纹扩展的基本形式

（3）断裂韧度及其应用　当材料存在裂纹时，在外力的作用下，裂纹尖端附近某点处的实际应力值与施加的应力 R（称为名义应力）、裂纹长度及该点距裂纹尖端的距离有关，即施加的应力在裂纹尖端附近形成了一个应力场。为表述该应力场的强度，引入了应力强度因子的概念，即

$$K_I = YR\sqrt{a} \tag{1-8}$$

式中　K_I——应力强度因子（MPa·$\sqrt{m}$）；Ⅰ表示张开型裂纹；

Y——裂纹形状系数，无量纲，一般 $Y = 1 \sim 2$；

R——外加拉应力（MPa）；

a——裂纹长度的一半（m）。

由公式可见，K_I 随 R 和 a 的增大而增大，故应力场的应力值也随之增大，造成裂纹自动扩展。当 K_I 达到某一临界值时，就能使裂纹尖端附近的内应力达到材料的断裂强度，裂纹将发生突然的失稳扩展，导致构件脆断。这时所对应的应力强度因子 K_I 就称为材料的断裂韧度，用 K_{IC} 表示。K_{IC} 的单位与 K_I 相同，它表示材料抵抗裂纹失稳扩展（即抵抗脆性断裂）的能力。

断裂韧度可为零（构）件的安全设计提供重要的力学性能指标。断裂韧度是材料固有的力学性能指标，是强度和韧性的综合体现。它与裂纹的大小、形状、外加应力等无关，主要取决于材料的成分、内部组织和结构。常见工程材料的断裂韧度值 K_{IC} 见表1-4。

表1-4　常见工程材料的断裂韧度值 K_{IC}　　（单位：$MPa \cdot \sqrt{m}$）

	材　　料	K_{IC}		材　　料	K_{IC}
金属材料	塑性纯金属（Cu、Ni）	100~350	高分子材料	聚苯乙烯	2
	低碳钢	140		尼龙	3
	高强度钢	50~150		聚碳酸酯	1.00~2.60
	铝合金	23~45		聚丙烯	3
	铸铁	6~20		环氧树脂	0.30~0.50
复合材料	玻璃纤维（环氧树脂基体）	42~60	陶瓷材料	Co/WC 金属陶瓷	14~16
	碳纤维增强聚合物	32~45		SiC	3
	普通木材（横向）	11~13		苏打玻璃	0.70~0.80

七、疲劳强度

1. 疲劳断裂

某些机械零件在循环载荷作用下工作，在工作应力低于其屈服强度甚至是弹性极限的情况下发生断裂，即疲劳断裂。不论是脆性材料还是韧性材料，其疲劳断裂都是突发性的，事先均无明显的塑性变形，具有很大的危险性。

2. 疲劳强度

材料的疲劳强度可以通过疲劳试验测定。将光滑的标准试样的一端固定并使试样旋转，在另一端施加载荷。在试样旋转过程中，试样工作部分的应力将发生周期性的变化，从拉应力到压应力，循环往复，直到试样断裂。图1-14所示为疲劳曲线（应力寿命曲线）。由曲线可以看出，材料承受的交变应力越小，断裂前对应的循环次数越多。我们把试样承受无数次应力循环或达到规定的循环次数才断裂的最大应力，称为材料的疲劳强度。陶瓷、高分子材料的疲劳强度很低，金属材料的疲劳强度较高，纤维增强复合材料也有较好的抗疲劳性能。通常规定钢铁材料的循环基数为 10^7，非铁金属的循环基数为 10^8，腐蚀性介质作用下的循环基数为 10^6。金属材料的疲劳强度受多种因素的影响，如材料的成分和组织、表面状态、工作条件、残余应力等。

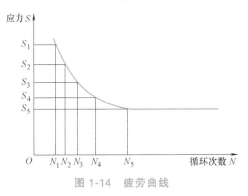

图1-14　疲劳曲线

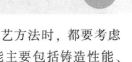

单元二 金属材料的工艺性能

工艺性能是指材料适应加工工艺要求的能力。在设计零件和选择工艺方法时，都要考虑材料的工艺性能，以便降低成本，从而获得质量优良的零件。工艺性能主要包括铸造性能、锻造性能、焊接性能、切削加工性能、热处理性能等，它们反映了金属材料在各种零件加工、结构设计和工具制造的过程中，适应各种冷热加工的能力。

1. 铸造性能

铸造是将金属材料加热到熔融状态后注入铸型，经冷却凝固后获得零件毛坯的方法。铸造性能是指获得外形准确且内部健全铸件的能力。铸造性能常用流动性、收缩性和偏析倾向来衡量。

1）流动性：指熔融金属的流动能力。在铸造过程中，流动性好的金属容易充满铸型，从而获得外形完整、轮廓清晰的铸件。

2）收缩性：指铸件在凝固和冷却过程中体积和尺寸减小的现象。收缩性影响铸件的尺寸精度，也会引发缩孔、疏松、内应力等缺陷。

3）偏析倾向：指材料铸造成型后内部成分不均匀的倾向。偏析严重时会造成铸件内部组织和力学性能不均匀，降低铸件质量。

2. 锻造性能

锻造性能是指金属材料经压力加工（锻造、压延、轧制、拉拔、挤压等）成形的难易程度。锻造性能主要取决于塑性变形能力和塑性变形抗力。

1）塑性变形能力：指材料在不破坏的前提下的最大变形量。

2）塑性变形抗力：指发生塑性变形所需要的最小外力。

3. 焊接性能

金属材料的焊接性能指金属对焊接加工的适应能力。焊接性能包括工艺焊接性和使用焊接性两方面。

1）工艺焊接性：即材料在一定的焊接工艺条件下，能否获得优质致密无缺陷焊缝的能力。

2）使用焊接性：指焊接接头和整体焊接结构满足各种性能的程度，包括常规的力学性能。

4. 切削加工性能

切削加工性能是指金属材料进行切削加工的难易程度。它与材料的组织、成分、硬度、韧性、导热性等有关。一般认为，材料具有适当的硬度（170~230HBW）和足够的脆性时，较易切削。

5. 热处理性能

热处理性能是指金属材料经过热处理后其组织和性能改变的能力，包括淬透性、淬硬性、回火脆性等。

【小结】

金属材料的性能
- 力学性能
  - 强度
    - 屈服强度：塑性材料产生明显永久变形的抗力
    - 抗拉强度：断裂前最大拉应力
  - 塑性
    - 断后伸长率 A
    - 断面收缩率 Z
  - 硬度
    - 布氏硬度 HBW：主要用于原材料检验
    - 洛氏硬度 HR：主要用于热处理后的产品检验
    - 维氏硬度 HV：主要用于薄板材料及材料表层的硬度测定
  - 韧性——冲击吸收能量
  - 疲劳强度——试样承受无数次应力循环或达到规定的循环次数断裂时的最大应力
- 工艺性能
  - 铸造性能：获得外形准确且内部健全铸件的能力
  - 锻造性能：压力加工时获得优质零件的难易程度
  - 焊接性能：材料被焊接成要求的构件，并满足服役要求的能力
  - 切削加工性能：材料进行切削加工的难易程度
  - 热处理性能：材料在热处理时性能改变的能力

【综合训练】

一、填空题

1. 金属材料的力学性能的主要指标有强度、硬度、塑性、韧性及_____。

2. 屈服强度表示材料抵抗_____的能力。

3. 抗拉强度表示材料抵抗_____的能力。

4. 常用的硬度测试方法有洛氏硬度、布氏硬度和_____。

5. 拉伸低碳钢时，试样的变形可分为_____、_____、_____和_____四个阶段。

6. 通过拉伸试验测得的强度指标主要有_____强度和_____强度，分别用符号_____和_____表示。

7. 金属材料的塑性也可通过拉伸试验测定，主要的指标有_____和_____，分别用符号____和____表示。

二、判断题

1. 所有的金属材料均有明显的屈服现象。（   ）

2. 硬度值相等，且在相同环境中工作的同一种材料制作的轴，其工作寿命是相同的。（   ）

3. 机器中的零件在工作时，材料强度高的不会变形，材料强度低的一定会发生变形。（   ）

4. 选择冲击吸收能量大的材料制作零（构）件可保证其在工作中不发生脆断。（   ）

5. 屈服强度是表征材料抵抗断裂能力的力学性能指标。（   ）

三、简答题

1. 什么是强度？什么是塑性？各用什么指标衡量？分别用什么符号表示？

2. 什么是硬度？常用的硬度测定方法有哪几种？布氏硬度、洛氏硬度及维氏硬度各适用于哪些材料的检验？

3. 下列硬度标注方法是否正确？为什么？

（1）800~850HBW　　　（2）480HBS　　　（3）15~20HRC

4. 有一标准低碳钢拉伸试样，直径为 10mm，原始标距为 100mm，在载荷为 21kN 时发生屈服，试样拉断前的最大载荷为 30kN，拉断后重新对接的标距为 133mm，断裂处的最小直径为 6mm。试计算其屈服强度、抗拉强度、断后伸长率和断面收缩率。

模块二
CHAPTER 2

金属的晶体结构与结晶

【学习目标】

1. 知识目标

1）掌握纯金属的结晶过程。

2）掌握晶体与非晶体概念。

3）了解金属的晶体结构类型。

2. 技能目标

1）掌握实际金属的晶体结构。

2）掌握细化晶粒的方法。

3）熟悉金属的冷却曲线，了解过冷现象。

单元一　金属的晶体结构

金属材料的性能与其化学成分和内部组织结构有着密切的联系。同一种金属材料，由于加工工艺不同，会产生不同的组织结构，从而表现出不同的性能。因此，了解金属材料的内部组织结构与变化规律对材料的选用十分重要。

一、晶体与非晶体

1. 晶体与非晶体的定义

固态物质根据原子的聚集状态可分为晶体与非晶体两大类。晶体是指原子呈规则排列的固体，如石英、云母、明矾、糖等。常态下的金属及合金主要以晶体形式存在。晶体具有各向异性，有固定的凝固点和熔点。非晶体是指原子呈无序排列的固体，如玻璃、蜂蜡、松香、沥青、橡胶等。非晶体具有各向同性且没有固定的凝固点和熔点。图 2-1 所示为晶体及非晶体原子排列模型。此外，在一定条件下晶体和非晶体可互相转化。

2. 晶格与晶胞

（1）晶格　为了研究晶体中原子在空间的排列规律，将原子看作刚性的小球，并用假想的直线将各原子的中心连接起来，从而形成了一个三维空间格架。这种用来描述原子在晶体中规则排列的三维空间格架称为晶格。直线的交点（原子中心）称为结点。由结点形成的空间点的阵列称为空间点阵，如图2-2所示。

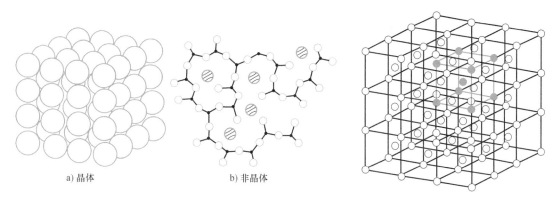

a) 晶体   b) 非晶体

图 2-1 晶体及非晶体原子排列模型   图 2-2 晶格的抽象模型

（2）晶胞 晶格中能代表晶格特征的最基本的几何单元称为晶胞，如图2-3所示。

（3）晶格常数 晶胞的大小和形状可用晶胞的三个棱边长度 a、b、c（单位为 nm，$1nm = 1^{-9}m$）及三棱边之间的夹角 α、β、γ 表示，a、b、c 称为晶格常数。当棱边 $a = b = c$，棱边夹角 $\alpha = \beta = \gamma = 90°$时，晶格称为简单立方晶格，如图2-4所示。

 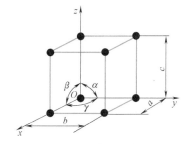

图 2-3 晶胞   图 2-4 简单立方晶格

二、金属的典型晶体结构

1. 体心立方晶格

体心立方晶格的晶胞是一个立方体，其晶格常数 $a = b = c$，在立方体的八个顶角和立方体的中心各有一个原子，如图2-5所示。每个晶胞中实际含有的原子数 $n = 1 + 8 \times 1/8 = 2$。具有体心立方晶格的金属有 Cr（铬）、W（钨）、V（钒）和 α-Fe 等。

2. 面心立方晶格

面心立方晶格的晶胞也是一个立方体，其晶格常数 $a = b = c$，在立方体的八个顶角和立方体的六个面中心各有一个原子，如图2-6所示。每个晶胞中实际含有的原子数 $n = 8 \times 1/8 + 6 \times 1/2 = 4$。具有面心立方晶格的金属有 Al（铝）、Cu（铜）、Ni（镍）、Au（金）、Ag（银）和 γ-Fe 等。

3. 密排六方晶格

密排六方晶格的晶胞是正六方柱体，由六个呈长方形的侧面和两个呈正六边形的底面组

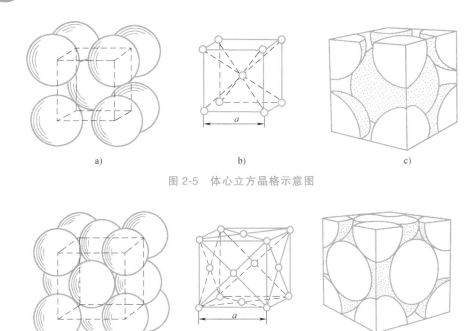

图 2-5 体心立方晶格示意图

图 2-6 面心立方晶格示意图

成。该晶胞要用两个晶格常数表示，一个是六边形的边长 a，另一个是柱体高度 c。在密排六方晶格的 12 个顶角和上、下底面中心各有一个原子，另外在晶胞中间还有三个原子，如图 2-7 所示。每个晶胞中实际含有的原子数 $n = 12 \times 1/6 + 2 \times 1/2 + 3 = 6$。具有密排六方晶格的金属有 Mg（镁）、Zn（锌）、Cd（镉）和 Be（铍）等。

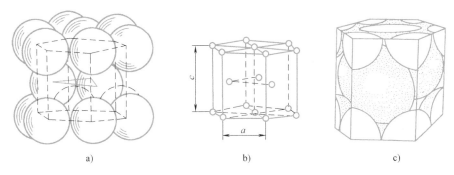

图 2-7 密排六方晶格示意图

三、实际金属的晶体结构

1. 多晶体结构和亚结构

单晶体是指晶体内部位向（即原子排列方向）完全一致的晶体。在实际应用的材料中，大多数为多晶体。多晶体结构是指由许多晶格位向不同的小晶体构成的晶体结构。图 2-8 所示为单晶体及多晶体结构图。多晶体中每个外形不规则的小晶体称为晶粒，晶粒与晶粒之间的界面就是晶界。

多晶体结构没有像单晶体那样的各向异性，这是因为测试其不同性能时，都是千千万万个位向不同的晶粒的平均性能，故实际金属就表现出各向同性。

实验和理论证实，金属的晶粒越细，金属材料在室温时的强度和硬度就越高，塑性和韧性也越好。

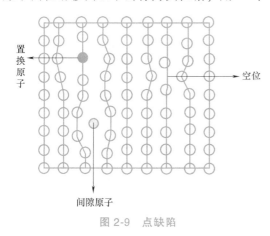

a) 单晶体　　　　b) 多晶体

图 2-8　单晶体及多晶体结构

2. 晶体缺陷

在实际晶体中，原子的排列并不像理想晶体那样规则和完整，由于许多因素的影响，使某些区域的原子排列受到干扰和破坏，这些区域即为晶体缺陷。实际金属中存在着大量的晶体缺陷，按几何特性可为分三类，即点缺陷、线缺陷及面缺陷。

（1）点缺陷　即在三维空间方向上尺寸都很小的缺陷。常见的点缺陷有空位、间隙原子和置换原子，如图 2-9 所示。在正常的晶格结点上的原子由于某种原因脱离晶格结点，其节点未被其他原子所占有，即形成空位。间隙原子是指个别晶格空隙处存在的多余的原子。置换原子是指取代原来原子位置的原子。点缺陷破坏了原子间的平衡状态，引起周围晶格产生畸变，促使缺陷周围的原子发生靠拢或撑开，即产生了晶格畸变，从而使金属的强度和硬度提高，塑性和韧性下降。

（2）线缺陷　是指在两个方向上尺寸很小，在另一个方向上尺寸很大的缺陷。常见的线缺陷是位错。位错实际上就是晶体中某处有一列或若干列原子发生有规律的错排现象，分为刃型位错和螺型位错两类，其中刃型位错比较简单。当一个完整晶体的某晶面以上的某处多出一个原子面，该原子面像刀刃一样切入晶体，这个多余原子面的边缘就是刃型位错，如图 2-10 所示。原子面在滑移面（位错中断的晶面）以上的称为正位错，用"⊥"表示；原子面在滑移面以下的称为负位错，用"⊤"表示。

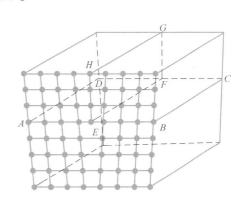

图 2-9　点缺陷　　　　　　　　　图 2-10　刃型位错示意图

单位体积内所包含的位错线总长度称为位错密度，金属的位错密度为 $10^4 \sim 10^{12}/\mathrm{cm}^2$。

晶体中的位错，对金属的力学性能会产生很大的影响。在位错附近区域，由于原子错排，晶格都会发生畸变，从而阻碍位错的运动，使材料的强度提高。由于线缺陷的影响面比点缺陷大得多，因此对材料性能的影响也会很大。由于金属的塑性变形主要是由位错运动引起的，因此阻碍位错运动是强化金属的主要途径，减少或增加位错密度都可以提高金属的强度。

（3）面缺陷　是指在晶体中呈面状分布（在两个方向上尺寸很大，在另一个方向上尺寸很小）的缺陷。常见的面缺陷有晶界和亚晶界，如图 2-11 所示。

实际的金属材料大多为多晶体，多晶体中不同位向晶粒间的交界称为晶界，其宽度为 5～10 个原子间距，位向差一般为 20°～40°。晶界之间相互交错，原子排列紊乱，常温下对晶体的滑动起阻碍作用，即晶界多的材料其强度和硬度高。因而在实际中使用的金属力求获得细小的晶粒。由于晶界处原子排列紊乱，能量高，原子易扩散，易受腐蚀，因此固态下结构的改变首先从晶界开始。此外，晶界处易产生内吸附，外来原子易在晶界处偏聚。

在实际的金属晶体中，晶粒内部也并非完全一致，而是存在许多晶格位向差很小（1°～2°）的小晶块，它们相互镶嵌形成晶粒，这些小晶块称为亚晶粒。相邻亚晶粒之间的界面称为亚晶界。

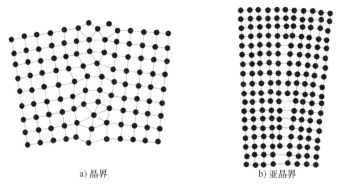

a) 晶界 　　　　　　　　　　　　b) 亚晶界

图 2-11　晶界及亚晶界示意图

以上各种缺陷处及附近的晶格均处于畸变状态，直接影响金属的力学性能，使金属的强度、硬度有所提高。

单元二　纯金属的结晶

液态金属材料经冷却转变为固态的过程称为结晶，其实质是金属原子从不规则排列向有规则排列转变的过程。金属结晶后形成的组织会影响其加工性能及力学性能。因此，研究金属的结晶过程，对改善材料的组织和性能都具有十分重要的意义。

一、金属结晶的基本规律

1. 冷却曲线与过冷度

液态金属结晶时的温度-时间曲线称为冷却曲线。将纯金属加热熔化成液体，然后使其缓慢冷却，在冷却过程中，每隔一段时间测量液体的温度，可得到纯金属的冷却曲线，如图 2-12 所示。在实际生产中，金属结晶时有较快的冷却速度，金属的实际结晶温度 T_n 总是

低于理论结晶温度 T_0，将理论结晶温度与实际结晶温度之差称为过冷度，用 ΔT 表示，即 $\Delta T = T_0 - T_n$。

过冷度不是一个恒定值，它与液态金属的冷却速度有关。冷却速度越大，金属的实际结晶温度越低，过冷度越大。过冷度是结晶的必要条件。

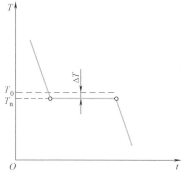

图 2-12　纯金属的冷却曲线

2. 纯金属的结晶过程

液态金属的结晶是由晶核的形成和晶核的长大两个密切联系的基本过程实现的。液态金属结晶时，先在液体中形成一些极微小的晶核，再以其为核心不断长大。这些晶核长大的同时，液态金属的其他部位又会出现新的晶核并逐渐长大，直至液态金属全部消失，如图 2-13 所示。

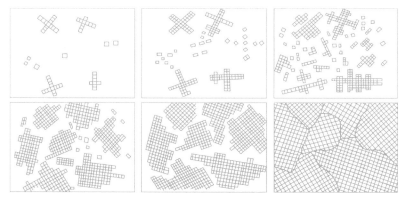

图 2-13　纯金属的结晶过程示意图

3. 晶核的形成与长大

（1）晶核的形成　晶核的形成有自发形核和非自发形核两种。自发形核是从液态内部由金属本身原子自发长出结晶核心的过程，形成的结晶核心称为自发晶核。非自发形核是依附于杂质而生成晶核的过程，形成的结晶核心称为非自发晶核。金属结晶时，自发形核和非自发形核是同时存在的，且非自发形核比自发形核更为重要，往往起到优先和主导作用。

（2）晶核的长大方式　晶核形成后便开始长大，主要以树枝状的生长方式长大。在晶核长大的过程中，由于棱角处的散热条件好，生长快，因此在棱角处先形成一次晶轴，一次晶轴的棱边又会产生二次晶轴、三次晶轴……从而形成一个树枝状晶体，称为树枝状晶，如图 2-14 所示。

4. 金属结晶后晶粒的大小

表示晶粒大小的尺度称为晶粒度。晶粒度可用单位体积内或单位面积上的晶粒数目来表示。工业生产中采用晶粒度级别来确定晶粒度，级别数越大，晶粒越细。标准晶粒度级别共分八级，一级最粗，八级最细，如图 2-15 所示。工程上，通常把 100 倍显微镜下的晶粒大小与标准图对照来评级。

常温下金属的晶粒越细小，晶界面积越大，金属的强度、硬度就越高，塑性、韧性就越好。因此，生产实践中几乎总是希望金属及其合金具有较细的晶粒组织。

图 2-14 树枝状结晶图

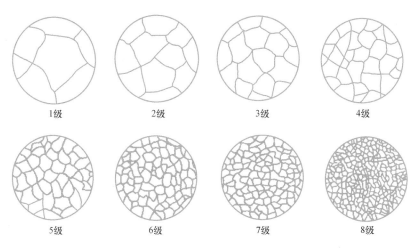

1级　　2级　　3级　　4级

5级　　6级　　7级　　8级

图 2-15 标准晶粒度级别

二、细化晶粒的方法

金属结晶后单位体积内晶粒的数目 Z 主要取决于晶核的形核率 N 和长大速度 G。形核率是指单位时间内单位体积中产生的晶核数，长大速度是指单位时间内晶核长大的线速度，它们的关系为

$$Z = \sqrt{N}/\sqrt{G} \qquad (2\text{-}1)$$

Z 值越大，晶粒越小。获得细小晶粒的主要途径有：提高过冷度、采用变质处理和附加振动或搅拌。

1. 提高过冷度

液态金属结晶的形核率 N、长大速度 G 与过冷度 ΔT 之间的关系如图 2-16 所示。形核率 N 和长大速度 G 都随过冷度的增加而增加，但 N 的增大速率大于 G 的增大速率。因此，增加过冷度会使 Z 增大，晶粒变细。当过冷度较小时，形核率 N 低于长大速度 G，会得到比较大的晶粒。

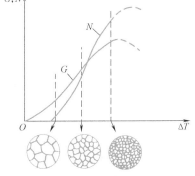

图 2-16 形核率 N 和长大速率 G 与过冷度 ΔT 的关系

2. 采用变质处理

生产中为了得到细晶粒的铸件，常在液态金属中加入孕育剂或变质剂，作为非自发晶核的核心，以达到细化晶粒和改善组织的目的。例如，在浇注灰铸铁时加入石墨粉，在浇注高锰钢时加入锰铁粉，向铝液中加入 TiC、VC 等，都会使形核率增大；在铝硅合金中加入钠盐，可以减慢硅晶核的长大速度。

3. 附加振动或搅拌

对正在结晶的金属附加振动或搅动，一方面可靠外部输入的能量来促进形核，另一方面也可使生长中的枝晶破碎，从而使晶核数目显著增加，达到细化晶粒的效果。

【小结】

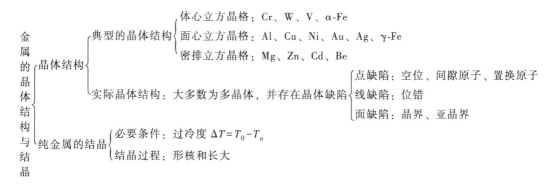

【综合训练】

一、填空题

1. 晶体与非晶体的根本区别在于_____。

2. 实际金属的晶体缺陷有点缺陷、线缺陷、面缺陷三类。常见的点缺陷有_____、_____与_____。常见的线缺陷是_____，其基本类型是_____和_____。面缺陷是_____和_____。

3. 细化晶粒的方法有_____、_____和_____。

4. 金属结晶的必要条件是_____，即金属实际结晶温度总是_____理论结晶温度。

5. 金属的晶粒越细小，其强度、硬度_____，塑性、韧性_____。

二、判断题

1. 实际金属的晶体结构不仅是多晶体，而且还存在着多种缺陷。（　　　）

2. 纯金属的结晶过程是一个恒温过程。（　　　）

3. 金属的实际结晶温度是不变的。（　　　）

4. 因为单晶体是各向异性的，所以实际应用的金属材料在各个方向上的性能也是不相同的。（　　　）

5. 金属多晶体是由许多位向相同的单晶体组成的。（　　　）

6. 金属理想晶体的强度比实际晶体的强度稍强一些。（　　　）

7. 晶体缺陷的共同之处是它们都能引起晶格畸变。（　　　）

8. 室温下，金属晶粒越细，则强度越高、塑性越低。（　　　）

9. 纯金属结晶时，形核率随过冷度的增加而不断增加。（　　）

10. 液态金属只有在过冷条件下才能够结晶。冷却速度越快，过冷度就越大。（　　）

三、名词解释

1. 晶体　2. 非晶体　3. 晶格　4. 晶胞　5. 晶界　6. 晶粒　7. 单晶体　8. 多晶体

四、简答题

1. 常见的金属晶格类型有哪几种？分别举例说明。

2. 简述纯金属的结晶过程。

3. 什么是过冷度？过冷度与什么有关？

4. 金属结晶的基本规律是什么？晶核的形核率和长大速度受哪些因素的影响？

5. 在实际应用中，细晶粒的金属材料往往具有较好的常温力学性能，试从过冷度对结晶基本过程的影响，分析细化晶粒、提高金属材料使用性能的措施。

模块三
CHAPTER 3
二元合金的相结构与结晶

【学习目标】

1. 知识目标
1）掌握有关金属的晶体结构类型及性能特点。
2）了解有关合金的基本概念。
3）掌握合金相的结构类型及性能特点。

2. 技能目标
掌握合金相图的分析和使用方法。

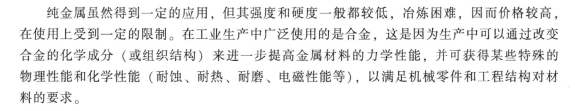

单元一　二元合金的晶体结构

　　纯金属虽然得到一定的应用，但其强度和硬度一般都较低，冶炼困难，因而价格较高，在使用上受到一定的限制。在工业生产中广泛使用的是合金，这是因为生产中可以通过改变合金的化学成分（或组织结构）来进一步提高金属材料的力学性能，并可获得某些特殊的物理性能和化学性能（耐蚀、耐热、耐磨、电磁性能等），以满足机械零件和工程结构对材料的要求。

一、合金的基本概念

1. 合金
由两种或两种以上的金属或金属与非金属元素组成的具有金属特性的物质称为合金。例如，碳钢和铸铁是由铁和碳组成的合金。

2. 组元
组元是组成合金的最基本的、独立的物质。组元一般是纯元素，也可以是稳定的化合物。根据组元数目的不同，合金可以分为二元合金、三元合金和多元合金。例如，碳钢和铸铁是由铁和碳组成的二元合金。

---

3. 相

金属或合金中化学成分和晶体结构都相同的组成部分称为相。相与相之间有明显的界面，即相界面。液态物质称为液相，固态物质称为固相。在固态下，由一个固相组成的合金称为单相合金，由两个或两个以上的固相组成的合金称为多相合金。

相的基本属性：一致的晶体结构和原子排列方式；相同的物理、化学性能；与周围的非同相物质之间有确定的界面；不同的相可予以机械性分离。

4. 显微组织

显微组织是指在显微镜下观察到的金属中各相或各晶粒的形态、数量、大小和分布等组成关系的情况。

5. 合金系

由两个或两个以上组元按不同比例配制成的一系列不同成分的合金，称为合金系。

二、合金中的基本相

在固态下，根据合金组元间作用方式的不同，合金的相结构（基本相）分为固溶体和金属化合物两种类型。

1. 固溶体

在固态下，合金各组元之间能够互相溶解而形成的均匀相称为固溶体。固溶体中保持原来晶体结构的组元称为溶剂，其他溶入且晶格消失的组元称为溶质。

（1）固溶体的分类　按照溶质原子在溶剂晶格中分布情况的不同，可将固溶体分为间隙固溶体和置换固溶体。溶质原子分布在溶剂晶格的间隙中而形成的固溶体，称为间隙固溶体，如图3-1a所示。溶质原子代替部分溶剂原子占据溶剂晶格中的某些结点位置而形成的固溶体，称为置换固溶体，如图3-1b所示。

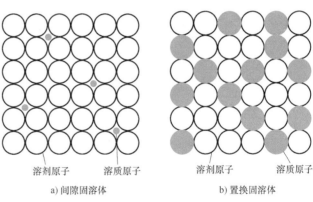

溶剂原子　　溶质原子　　　　溶剂原子　　溶质原子
a）间隙固溶体　　　　　　b）置换固溶体

图3-1　固溶体的类型

间隙固溶体中的溶质元素大多是原子半径较小的非金属元素，如碳、氮、硼等。由于溶剂晶格的空隙较小，溶质的溶入可引起晶格畸变，如图3-2a所示。

当形成置换固溶体时，由于溶质原子与溶剂原子的直径不可能完全相同，因此，也会造成固溶体晶格常数的变化和晶格畸变，如图3-2b所示。

按照溶质原子在溶剂晶格中的溶解度不同，可将固溶体分为有限固溶体和无限固溶体两种类型。在置换固溶体中，当溶质与溶剂原子半径差别较小，在化学元素周期表上的位置靠近且晶格形式也相同时，可能形成无限固溶体；否则为有限固溶体。因此无限固溶体一定是置换固溶体，反之不成立。由于溶剂晶格的空隙数量有限，能溶入的溶质原子数量也有限，所以间隙固溶体一定是有限固溶体，反过来也不成立。

（2）固溶体的结构特点与性能特点　固溶体本身的强度和硬度低，塑性和韧性好，是材料的基本相。无论是间隙固溶体还是置换固溶体，都有溶质原子溶入，并且使溶剂晶格产生畸变，溶质原子与位错之间的交互作用，使位错运动的阻力增加。这种通过溶入溶质原子

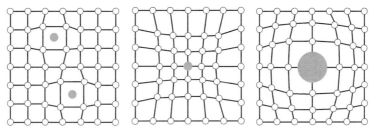

a) 间隙固溶体   b) 置换固溶体

图 3-2 固溶体中的晶格畸变示意图

形成固溶体，从而使材料的强度和硬度提高的现象称为固溶强化。固溶强化是提高金属材料力学性能的重要途径之一。

2. 金属化合物

金属化合物也是合金的重要组成相。合金组元间发生相互作用而形成一种具有金属特性的物质，称为金属化合物，可用分子式（如 Fe_3C）表示其组成。图 3-3 所示为铁碳合金中的渗碳体 Fe_3C。

金属化合物具有较高的熔点、硬度和脆性。当合金中出现金属化合物时，可提高其强度、硬度和耐磨性，但其塑性降低。

金属化合物具有熔点高、硬度高、脆性大等特点。当金属化合物以细小的颗粒弥散分布在固溶体基体上时，能显著提高合金的强度、硬度和耐磨性，这种现象称为弥散强化。根据形成条件和结构特点不同，金属化

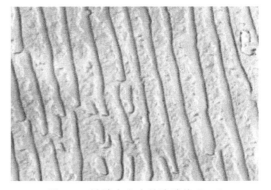

图 3-3 铁碳合金中的渗碳体 Fe_3C

合物可分为正常价化合物、电子化合物和间隙化合物三种类型。

1）正常价化合物的元素是严格按原子价规律结合的，因而其成分固定不变，并可用化学式表示。

2）电子化合物不遵守原子价规律，而是按照一定的电子浓度比（价电子数目与原子数目之比）组成一定晶体结构的化合物。虽然可用化学式表示，但成分不固定，即在电子化合物的基础上可以溶解一定量的组元，形成以该化合物为基的固溶体。

3）间隙化合物一般是由原子直径较大的过渡族金属元素和原子直径较小的非金属元素组成。原子直径尺寸起主要作用。过渡族元素的直径较大时，会占据新晶的正常位置，而直径较小的非金属元素的原子则有规律地嵌入晶格的空隙中。

单元二 二元合金相图

合金的结晶同纯金属一样，也遵循形核与晶核长大的规律。但合金的成分中包含有两个

以上的组元（各组元的结晶温度是不同的），并且同一合金系中各合金的成分不同（组元比例不同），所以合金在结晶过程中的组织形成及变化规律要比纯金属复杂得多。为了研究合金的性能与其成分、组织的关系，就必须借助合金相图这一重要工具。

合金相图又称合金状态图或合金平衡图，表示在平衡条件（极其缓慢加热或冷却）下，合金系中各种合金组织与温度、成分之间关系的图形。因此，通过相图可以了解合金系中任何成分的合金发生结晶和相变时的温度、所形成的组织状态，以及存在的相及相成分的含量。但是必须注意的是，在非平衡状态时（即加热或冷却较快时），相图中的特性点或特性线会发生偏离。在实践生产中，相图可作为正确制订铸造、锻压、焊接及热处理工艺的重要依据。

一、二元合金相图的表示方法

纯金属可以温度为纵坐标，把其在不同温度下的组织状态表示出来。图 3-4 所示为纯铜的冷却曲线及相图。

二元合金组成相的变化不仅与温度有关，而且还与合金成分有关，因此不能简单地用一个温度坐标轴表示，必须增加一个表示合金成分的横坐标。由两个组元组成的合金相图称为二元合金相图。本单元以 Cu-Ni 合金相图为例来说明二元合金相图的表示方法。Cu-Ni 合金相图如图 3-5 所示，纵坐标表示温度，横坐标表示合金成分。横坐标从左到右表示合金成分的变化，即镍的质量分数 w_{Ni} 由 0% 向 100% 逐渐增大，而铜的质量分数 w_{Cu} 相应地由 100% 向 0% 逐渐减少。在横坐标上的任何一点都代表一种成分的合金。

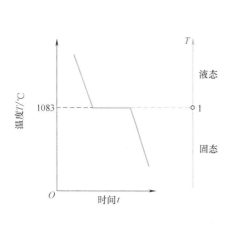

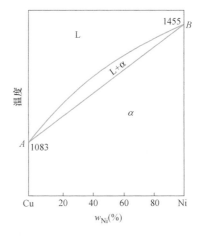

图 3-4　纯铜的冷却曲线及相图　　　　　图 3-5　Cu-Ni 合金相图

二、二元合金相图的测定方法

相图是通过实验方法建立的。以 Cu-Ni 二元合金为例，利用热分析法测定其相变点及建立相图。

1）配制不同比例的 Cu-Ni 合金。

① $w_{Cu} = 100\%$；

② $w_{Cu} = 80\%$，$w_{Ni} = 20\%$；

③ $w_{Cu} = 60\%$，$w_{Ni} = 40\%$；

④ $w_{Cu} = 40\%$，$w_{Ni} = 60\%$；

⑤ $w_{Cu} = 20\%$，$w_{Ni} = 80\%$；

⑥ $w_{Ni} = 100\%$。

2）用热分析法测出所配制的各合金的冷却曲线，如图3-6a所示。

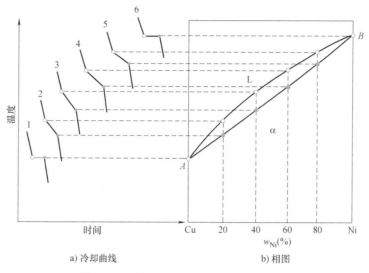

　a) 冷却曲线　　　　　　　　　　b) 相图

图3-6　用热分析法测定 Cu-Ni 合金相图

3）找到图中各冷却曲线上的相变点。由 Cu-Ni 合金系的冷却曲线可见，纯铜及纯镍的冷却曲线都有一个平台，这说明纯金属的结晶过程是在恒温下进行的，因此只有一个相变点。其他四个合金的冷却曲线均不出现平台，但有两个转折点，即有两个相变点，表明这四个合金都是在一个温度范围内结晶的。温度较高的相变点表示开始结晶温度，称为上相变点，在图上用"○"表示；温度较低的相变点表示结晶终了温度，称为下相变点，在图上用"●"表示。

4）将各个合金的相变点分别标注在温度-成分坐标平面图中相应的合金线上。

5）连接相同意义的相变点，所得到的线称为相界线。这样就获得了 Cu-Ni 合金相图，如图3-6b所示。图中各开始结晶温度连成的相界线（上侧的弧线），称为液相线；各结晶终了温度连成的相界线（下侧的弧线），称为固相线。

三、二元合金相图的基本类型

在二元相图中，有的相图简单（如 Cu-Ni 相图），有的相图复杂（如 Fe-C 相图），任何复杂的二元相图都可以看成由几个基本类型的相图叠加复合形成的。

单元三　二元匀晶相图

两组元在液态和固态下均可以以任意比例相互溶解的合金相图，称为匀晶相图。例如，

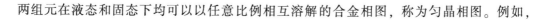

Cu-Ni、W-Mo、Fe-Ni 等相图都是匀晶相图。对于这类合金，结晶都是从液相中结晶出单相固溶体，这种结晶过程称为匀晶转变。

一、相图分析

现以图 3-7a 所示 Cu-Ni 二元相图为例进行分析。该相图由两条封闭的曲线组成，即液相线和固相线。在这两条曲线上有两个特性点：A 点和 B 点。A 点为纯铜的熔点，温度为 1083℃，B 点为纯镍的熔点，温度为 1455℃，由两个特性点连接形成两条特性线，上面一条是液相线，下面一条是固相线。它们把相图分成三个相区，即液相区（用 L 表示）、固相区（由 Cu 和 Ni 形成的无限固溶体，用 α 表示）和液相与固相共存区（用 L+α 表示）。

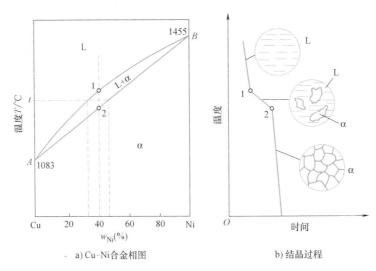

a) Cu-Ni合金相图　　　　　　　b) 结晶过程

图 3-7　Cu-Ni合金相图及结晶过程

二、枝晶偏析

在生产中，由于合金在结晶过程中的冷却速度比较快，且在固态下原子扩散又很困难，致使固溶体内部的原子扩散来不及充分进行，晶粒内部出现化学成分不均匀的现象，这种现象称为晶内偏析。由于固溶体的结晶一般以树枝状方式长大，因此先结晶的树干成分与后结晶的树间成分不同，这种晶内偏析呈树枝状分布，故称为枝晶偏析，图 3-8 所示为铸态铜镍合金的枝晶偏析。

枝晶偏析会降低合金的力学性能和可加工性。因此，在生产过程中，常将有枝晶偏析的合金加热到高温并长时间保温，使原子充分扩散，以达到成分均匀化的目的，这种处理方式称为均匀化退火。

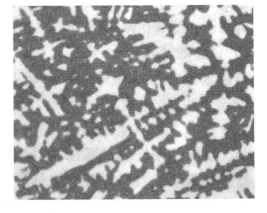

图 3-8　铸态铜镍合金的枝晶偏析

单元四 二元共晶相图

两组元在液态下能完全互溶，在固态下有限互溶，并发生共晶转变的相图，称为共晶相图。例如，Pb-Sn、Pb-Sb、Ag-Cu 等相图都是共晶相图。现以图 3-9 所示 Pb-Sn 二元合金相图为例介绍二元共晶相图。

一、相图分析

如图 3-9 所示，A 点和 B 点分别是纯铅和纯锡的熔点，温度分别为327.5℃和232℃。液相沿 AC 线开始结晶出 α 固溶体，沿 CB 线开始结晶出 β 固溶体，ACB 线称为液相线。AD 线和 BE 线分别为 α 与 β 固溶体结晶终了的固相线，$ADCEB$ 线称为固相线。DF 线和 EG 线分别为 Sn 溶于 Pb 和 Pb 溶于 Sn 的固态溶解度曲线，也称固溶度线。

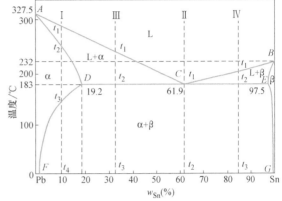

图 3-9 Pb-Sn 二元共晶相图

D 点为 Sn 在 Pb 中的最大溶解度，锡的质量分数为 19.2%，E 点为 Pb 在 Sn 中的最大溶解度，锡的质量分数为 97.5%。

C 点是液相线 ACB 与固相线 $ADCEB$ 的交点，所对应的温度为 183℃，锡的质量分数为61.9%。凡成分位于 D 点和 E 点之间的液态合金，当温度降至 DCE 线时，其余的液相成分均会变为 C 点成分的液相 L_C，此时液相将同时结晶出成分为 D 点成分的 α 固溶体（$α_D$）和成分为 E 点成分的 β 固溶体（$β_E$）的混合物，即

$$L_C \xrightarrow{183℃} (α_D + β_E) \tag{3-1}$$

这种在一定温度下，由一定成分的液相同时结晶出成分不同的两种固相的转变，称为共晶转变。由共晶转变获得的两相混合物，称为共晶组织或共晶体。C 点称为共晶点，对应的温度称为共晶温度，对应的成分称为共晶成分。通过 C 点的水平固相线 DCE 称为共晶线，液相冷却到共晶线时，都要发生共晶转变。

通过以上分析，相界线把共晶相图分成六个相区，分别是 L、α、β 三个单相区；L+β、L+β、α+β 三个两相区。共晶线 DCE 是 L、α、β 三相平衡的共存线。

二、合金的结晶过程

分析图 3-9 所示 Pb-Sn 合金相图中四个典型合金的结晶过程。

1) 合金 I（成分为 F 点和 D 点之间的合金）。图 3-10 所示为此类合金的冷却曲线及结晶过程示意图。

当合金 I 由液相缓慢冷却到 t_1 点时，从液相中开始结晶出 Sn 溶于 Pb 的 α 固溶体。当

合金Ⅰ冷却到 t_2 点时，液相全部结晶为 α 固溶体，其成分为原合金成分。当合金Ⅰ冷却到 t_3 点时，Sn 在 Pb 中的溶解度达到饱和。当温度下降到 t_3 点以下时，Sn 在 Pb 中的溶解度过饱和，过剩的 Sn 以 β 固溶体的形式从 α 固溶体中析出。为了区别于从液相结晶出的 β 固溶体，把从固相中析出的 β 固溶体，称为次生 β，用 $β_Ⅱ$ 表示。所以合金Ⅰ的室温组织为 α 固溶体+$β_Ⅱ$ 固溶体。图 3-11 中的黑色基体为 α 固溶体，白色颗粒为 $β_Ⅱ$ 固溶体。

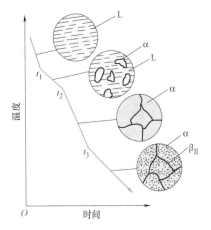 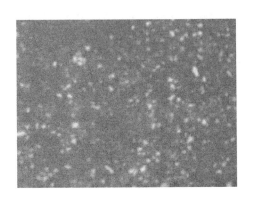

图 3-10　合金Ⅰ的冷却曲线及结晶过程示意图　　　　　图 3-11　w_{sn}<19.2%（D 点成分）的 Pb-Sn
　　　　　　　　　　　　　　　　　　　　　　　　　　　　　合金显微组织

2）合金Ⅱ（成分为 C 点成分的合金）。C 点为共晶点，成分为 C 点成分的合金称为共晶合金。图 3-12 所示为共晶合金的冷却曲线及结晶过程示意图。

当合金Ⅱ缓慢冷却到 t_1 点时，由于 C 点为 AC 线和 BC 线的交点，因此液相同时结晶出 α 和 β 固溶体，即发生共晶转变。由于该点又处在固相线上，共晶转变必然是在恒温下进行，直到液相完全消失，因此在冷却曲线上会出现一个代表恒温结晶的水平台阶。

合金进入共晶线下面的 α+β 两相区时，随着温度的下降，α 和 β 的溶解度分别沿着各自的固溶线 DF 线和 EG 线变化。因此共晶合金Ⅱ的室温组织为（α+β）共晶体。图 3-13 所示为 Pb-Sn 共晶合金的显微组织，黑色 α 固溶体与白色 β 固溶体呈交替分布。

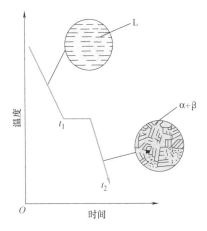 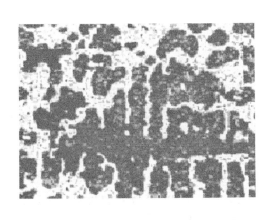

图 3-12　共晶合金的冷却曲线及结晶　　　　　　　图 3-13　Pb-Sn 共晶合金显微组织
　　　　　过程示意图

3）合金Ⅲ（成分为 D 点和 C 点之间的合金）。成分在 D 点和 C 点之间的合金称为亚共晶合金。现以合金Ⅲ为例进行分析。图 3-14 所示为亚共晶合金的冷却曲线及结晶过程示意图。

当合金Ⅲ缓慢冷却到 t_1 点时，开始从液相中结晶出 α 固溶体。随着温度的下降，α 固溶体的量不断增加，液相不断减少。当温度下降到 t_2 点时，剩余的液相具备了进行共晶转变的温度和成分条件，因此发生共晶转变。冷却曲线上出现一个代表共晶转变的水平台阶，此时合金由初生 α 固溶体和共晶体（α+β）组成。共晶转变后，当合金Ⅲ冷却到 t_2 点温度以下时，从 α 固溶体中析出 $β_Ⅱ$，从 β 固溶体中析出 $α_Ⅱ$，直到室温为止。因此，亚共晶合金Ⅲ的室温组织为初生 α+次生 $β_Ⅱ$+共晶体（α+β）。图 3-15 所示为 Pb-Sn 亚共晶合金的显微组织。图中黑色树枝状为初生 α 固溶体，黑白相间分布的为（α+β）共晶体，初生 α 固溶体内的白色小颗粒为 $β_Ⅱ$ 固溶体。

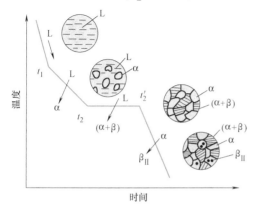

图 3-14　亚共晶合金的冷却曲线及结晶过程示意图

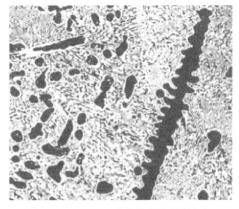

图 3-15　Pb-Sn 亚共晶合金显微组织

4）合金Ⅳ（成分为 C 点和 E 点之间的合金）。成分在 C 点和 E 点之间的合金称为过共晶合金。图 3-16 所示为过共晶合金的冷却曲线及结晶过程示意图。

过共晶合金的结晶过程与亚共晶合金相似，不同的是初生相为 β 固溶体，次生相为 $α_Ⅱ$。因此，过共晶合金Ⅳ的室温组织为 $α_Ⅱ$+β+（α+β）。Pb-Sn 过共晶合金的显微组织如图 3-17 所示，亮白色卵形组织为 β 固溶体，黑白相间分布的为（α+β）共晶体，初生 β 固溶体内的黑色颗粒为 $α_Ⅱ$ 固溶体。

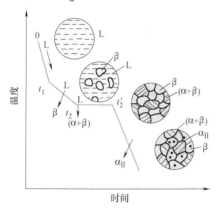

图 3-16　过共晶合金的冷却曲线及结晶过程示意图

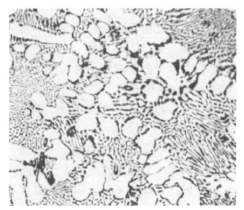

图 3-17　Pb-Sn 过共晶合金显微组织

【小结】

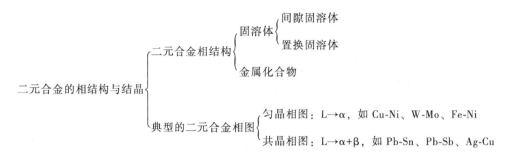

【综合训练】

一、填空题

1. 在固态下，根据合金组元间作用方式的不同，合金的相结构（基本相）分为_____和_____两种类型。

2. 按照溶质原子在溶剂晶格中分布情况的不同，可将固溶体分为_____和_____。置换固溶体按照溶解度不同，又分为_____和_____。

3. 溶质原子分布在溶剂晶格的间隙中而形成的固溶体，称为_____固溶体。溶质原子代替部分溶剂原子占据溶剂晶格中的某些结点位置而形成的固溶体，称为_____固溶体。

4. 相图是利用_____法测定其_____绘制出来的。

5. 两组元在液态和固态下均可以以任意比例相互溶解的合金相图，称为_____。合金两组元在液态下能完全互溶，在固态下有限互溶，并发生共晶转变的相图，称为_____。

6. 共晶相图分成_____个单相区和_____个两相区。

二、判断题

1. 固溶体的强度和硬度比溶剂的强度和硬度高。（　　　）

2. 间隙固溶体一定是无限固溶体。（　　　）

3. 间隙相不是一种固溶体，而是一种金属化合物。（　　　）

4. 平衡结晶获得的 $w_{Ni}=20\%$ 的 Cu-Ni 合金比 $w_{Ni}=40\%$ 的 Cu-Ni 合金的硬度和强度要高。（　　　）

5. 在共晶相图中，从 L 中结晶出来的 β 晶粒与从 α 中析出的 $β_{II}$ 晶粒具有相同的晶体结构。（　　　）

6. 一个合金的室温组织为 $α+β_{II}+(α+β)$，它由三相组成。（　　　）

三、名词解释

1. 合金　2. 组织　3. 相　4. 固溶强化　5. 弥散强化

四、简答题

1. 固溶体和金属化合物有什么区别？简述它们的分类及性能。

2. 什么是二元共晶转变和二元匀晶转变？

3. 试叙述匀晶系不平衡结晶条件下将产生的组织类型，并分析其形成条件、形成过程和组织特征。

模块四
CHAPTER 4

铁碳合金相图

【学习目标】

1. 知识目标

1）掌握铁素体、奥氏体、渗碳体基本相及铁碳合金组织。

2）了解 $Fe-Fe_3C$ 相图中的点、线、特性曲线。

3）掌握典型合金的结晶过程及其组织。

4）掌握铁碳合金的成分、组织与性能之间的关系。

5）了解纯铁的冷却曲线及同素异构现象。

2. 技能目标

1）掌握二元合金相图的建立方法。

2）熟悉铁碳合金相图的应用。

单元一 铁碳合金的基本相与组织

以铁和碳为主要元素组成的合金称为铁碳合金。钢铁材料就是铁碳合金，它是工业上被广泛应用的金属材料。铁碳合金相图是指在平衡（极其缓慢加热或冷却）条件下，铁碳合金的成分、温度和组织之间关系的图形，是制订钢铁材料各种热加工工艺的重要理论依据。

一、纯铁的同素异构转变

在固态下，有些金属的晶体结构会随着温度的变化而变化。这种金属在固态下随着温度的转变，由一种晶格转变为另一种晶格的现象，称为同素异构转变。由同素异构转变得到的不同晶格的晶体，称为同素异构体。钢铁材料之所以被广泛应用，其中最主要的原因是由于组成钢铁材料的主要元素铁在不同的固态温度下会发生同素异构转变。纯铁的冷却曲线如图 4-1 所示。由图中曲线可见，在不同的结晶温度下，得到了 δ-Fe、γ-Fe 和 α-Fe 三种同素异构体。将液态纯铁冷却到 1538℃ 时，结晶得到具有体心立方晶格的 δ-Fe；当冷却到

1394℃时，结晶得到具有面心立方晶格的 γ-Fe；当冷却到 912℃时，结晶得到具有体心立方晶格的 α-Fe。此过程可以用公式表示为

$$L \overset{1538℃}{\leftrightarrow} \delta\text{-Fe} \overset{1394℃}{\leftrightarrow} \gamma\text{-Fe} \overset{912℃}{\leftrightarrow} \alpha\text{-Fe}$$

同素异构转变是钢铁材料的重要特性之一，是材料通过热处理改变性能的基础。同素异构转变是通过原子的重新排列来完成的，是重结晶的过程。转变条件是达到一定的转变温度，在转变时需要过冷，有潜热产生，而且转变过程也遵循晶核形成和晶核长大的结晶规律。

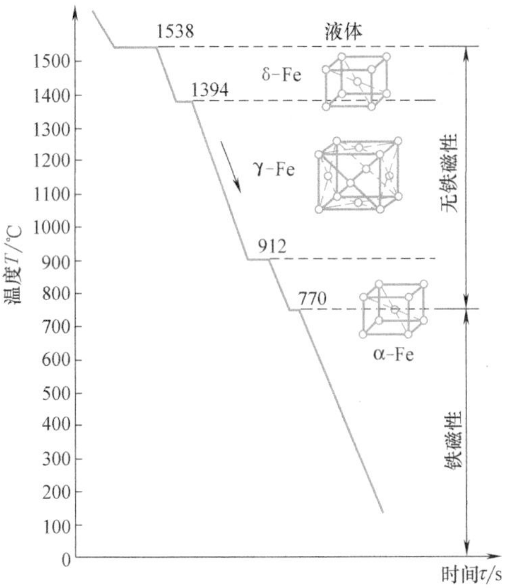

图 4-1　纯铁的同素异构转变

二、铁碳合金的基本相

对于铁碳合金，在固态及不同的温度下，铁和碳可以形成固溶体和金属化合物，其基本相有铁素体、奥氏体和渗碳体。

1. 铁素体（α 相）

铁素体是碳溶于 α-Fe 中所形成的间隙固溶体，用符号 F 表示。铁素体仍然保持 α-Fe 的体心立方晶格。由于体心立方晶格的间隙很小，所以溶碳能力很低，在 600℃时溶碳量为 $w_C = 0.006\%$。随着温度的升高，溶碳量逐渐增加，在 727℃时，溶碳量为 $w_C = 0.0218\%$；室温时则几乎为零。因此，铁素体室温时的性能与纯铁相似，强度和硬度低，塑性和韧性好。其显微组织呈明亮的多边形晶粒，晶界曲折，如图 4-2 所示。铁素体在 770℃以下具有铁磁性，在 770℃以上失去铁磁性。

2. 奥氏体（γ 相）

奥氏体是碳溶于 γ-Fe 中所形成的间隙固溶体，用符号 A 表示。奥氏体仍保持 γ-Fe 的面心立方晶格。由于面心立方晶格的间隙较大，因此溶碳能力也较大，在 727℃时溶碳量达 $w_C = 0.77\%$；随着温度的升高，溶碳量逐渐增多，温度为 1148℃时，溶碳量可达 $w_C = 2.11\%$。奥氏体的强度和硬度比铁素体的高，具有良好的塑性和较低的变形能力，在生产中常将钢材加热到奥氏体状态进行压力加工。奥氏体的显微组织与铁素体的显微组织相似，呈多边形，但晶界比铁素体的晶界平直，如图 4-3 所示。

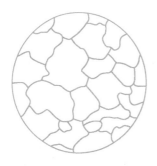

图 4-2　铁素体的显微组织示意图

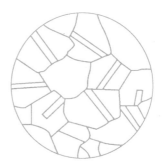

图 4-3　奥氏体的显微组织示意图

3. 渗碳体（Fe₃C）

渗碳体是铁和碳相互作用形成的具有复杂晶格的金属化合物，用分子式 Fe_3C 表示。渗碳体的含碳量 $w_C = 6.69\%$，熔点为 1227℃，硬度很高（约 1000HV），而塑性和韧性几乎为零，极脆。

渗碳体是钢组织中的主要强化相，其形态、大小、数量和分布对钢的性能有很大的影响，在铁碳合金中常以片状、球状、网状等形式与其他相共存。另外，渗碳体是一种亚稳定相，在一定条件下会发生分解，形成石墨状的自由碳。

三、铁碳合金多相组织

铁碳合金除了上述基本相外，还有由基本相组合形成的多相组织。由铁素体和渗碳体组成的机械混合物（$F + Fe_3C$）称为珠光体，用字母 P 表示。由奥氏体和渗碳体组成的机械混合物（$A + Fe_3C$）称为高温莱氏体，用 Ld 表示。由珠光体和渗碳体组成的机械混合物（$P + Fe_3C$）称为低温莱氏体，用 Ld′ 表示。铁碳合金中基本相及多相组织的力学性能见表 4-1。

表 4-1 铁碳合金中基本相及多相组织的力学性能

名称	符号	R_m/MPa	硬度 HBW	A(%)	K/J
铁素体	F	230	80	50	160
奥氏体	A	400	220	50	—
渗碳体	Fe₃C	30	800	≈0	≈0
珠光体	P	750	180	20~25	24~32
莱氏体	Ld	—	700	—	—

单元二 铁碳合金相图分析

一、Fe-Fe₃C 相图的建立

随着碳含量的增加，铁和碳可以形成 Fe_3C、Fe_2C、FeC 等一系列稳定的化合物，在相图中可以作为一个独立的组元。但由于铁碳合金中碳的质量分数超过 6.69% 的合金脆而硬，机械加工困难，没有实用价值，因此在铁碳合金相图中只需研究 Fe-Fe_3C 部分，即实际应用的铁碳合金相图就是 Fe-Fe_3C 合金相图，如图 4-4 所示。为了便于研究，在分析铁碳相图时，常将图 4-4 左上角的包晶转变部分予以简化，简化后的铁碳合金相图如图 4-5 所示。

二、Fe-Fe₃C 相图分析

1. Fe-Fe₃C 相图中的特性点

Fe-Fe_3C 相图中各特性点的温度、碳的质量分数及意义见表 4-2。特性点的符号为国际通用符号，不能随意更改。

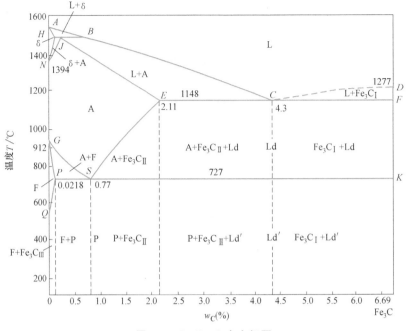

图 4-4　Fe-Fe₃C 合金相图

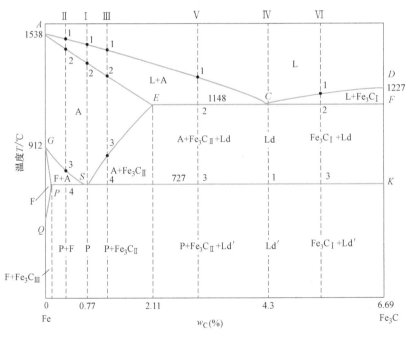

图 4-5　简化后的铁碳合金相图

2. Fe-Fe₃C 相图中的特性线

1）ACD 线。ACD 线为液相线，任何成分的铁碳合金在此线以上均为液相，用 L 表示。液态铁碳合金缓慢冷却至 AC 线时，开始结晶出奥氏体；缓慢冷却至 CD 线时，开始结晶出渗碳体。从液相中析出的渗碳体称为一次渗碳体，用 Fe_3C_I 表示。

表 4-2 Fe- Fe$_3$C 相图中的特性点

特性点	温度/℃	w_C(%)	含　义
A	1538	0	纯铁的熔点
C	1148	4.3	共晶点，$L_C \xrightarrow{1148℃} A_E + Fe_3C$（共晶反应）
D	1227	6.69	渗碳体的熔点
E	1148	2.11	碳在奥氏体中的最大溶解度，也是钢和铸铁的分界点
G	912	0	纯铁的同素异构转变点，$\alpha\text{-Fe} \xleftrightarrow{912℃} \gamma\text{-Fe}$
P	727	0.0218	碳在铁素体中的最大溶解度
S	727	0.77	共析点，$A_S \xrightarrow{727℃} F_P + Fe_3C$（共析反应）
Q	600	0.006	碳在 α-Fe 中的溶解度

2）AECF 线。AECF 线为固相线，液态合金冷却至此线时全部结晶为固相。

3）ECF 线。ECF 线为共晶线。凡是碳的质量分数在 2.11% ~ 6.69% 范围内的铁碳合金，当冷却到 ECF 线时都要发生共晶转变。共晶转变发生在 1148℃ 的恒温条件下，从液相中同时析出奥氏体和渗碳体所组成的细密混合物，称为高温莱氏体，表达式为

$$L_C \xrightarrow{1148℃} A_E + Fe_3C$$

4）PSK 线。PSK 线为共析线，又称 A$_1$ 线。凡是碳的质量分数在 0.0218% ~ 6.69% 范围内的铁碳合金，当冷却到 PSK 线时都要发生共析转变。共析转变发生在 727℃ 的恒温条件下，从奥氏体中析出铁素体和渗碳体的细密混合物，称为珠光体，表达式为

$$A_S \xrightarrow{727℃} F_P + Fe_3C$$

5）ES 线。ES 线又称 A$_{cm}$ 线，是碳在奥氏体中的固溶线。当奥氏体由高温缓慢冷却至 ES 线时，碳在奥氏体中的溶解度达到饱和，随着温度的下降，溶解度减小，多余的碳以渗碳体的形式从奥氏体中析出，称为二次渗碳体，用 Fe$_3$C$_{II}$ 表示。

6）PQ 线。PQ 线为碳在铁素体中的固溶线。在 727℃ 时，碳在铁素体中的溶解度最大（$w_C = 0.0218\%$）。随着温度下降，溶解度逐渐减小，多余的碳以渗碳体的形式从铁素体中析出，称为三次渗碳体，用 Fe$_3$C$_{III}$ 表示。

7）GS 线。GS 线又称 A$_3$ 线，它是在冷却时，奥氏体转变成铁素体的开始线。GS 线是由 G 点演变而来的，随着碳的质量分数的增加，奥氏体向铁素体发生同素异构转变的温度下降，从而使 G 点变成了 GS 线。

三、Fe- Fe$_3$C 相图中的相区

Fe- Fe$_3$C 相图共分四个单相区：ACD 线以上为液相区（L），AESG 为奥氏体相区（A），GPQ 为铁素体相区（F），DCF 为渗碳体（Fe$_3$C）相区；五个两相区：L+A、L+Fe$_3$C$_I$、A+F、A+Fe$_3$C 和 F+Fe$_3$C。共晶转变线 ECF 线及共析转变线 PSK 线分别看作三相共存的"特区"。

单元三 典型合金的结晶过程及其组织

一、Fe-Fe₃C 相图中铁碳合金的分类

根据铁碳合金中碳的质量分数和组织的不同，将铁碳合金分为工业纯铁、钢和白口铸铁三大类。

1. 工业纯铁

成分为 P 点（$w_C = 0.0218\%$）左边的铁碳合金，室温组织为铁素体和极少量的三次渗碳体。

2. 钢

成分为 P 点与 E 点之间（$w_C = 0.0218\% \sim 2.11\%$）的铁碳合金。根据室温组织不同，又可以分为共析钢、亚共析钢和过共析钢三种类型。

1）共析钢：成分为 S 点（$w_C = 0.77\%$）的合金，其室温组织为珠光体。

2）亚共析钢：成分为 S 点左边（$0.0218\% < w_C < 0.77\%$）的合金，其室温组织为铁素体+珠光体。

3）过共析钢：成分为 S 点右边（$0.77\% < w_C < 2.11\%$）的合金，其室温组织为珠光体+二次渗碳体。

3. 白口铸铁

成分为 E 点右边（$w_C = 2.11\% \sim 6.69\%$）的铁碳合金。根据室温组织不同，又可以分为共晶白口铸铁、亚共晶白口铸铁和过共晶白口铸铁三种类型。

1）共晶白口铸铁：成分为 C 点（$w_C = 4.3\%$）的合金，其室温组织为低温莱氏体。

2）亚共晶白口铸铁：成分为 C 点左边（$2.11\% < w_C < 4.3\%$）的合金，其室温组织为珠光体+低温莱氏体+二次渗碳体。

3）过共晶白口铸铁：成分为 C 点右边（$4.3\% < w_C < 6.69\%$）的合金，其室温组织为渗碳体+低温莱氏体。

二、典型合金的冷却过程分析

1. 共析钢的冷却过程分析

如图 4-5 所示，过 $w_C = 0.77\%$ 的点做一条垂直于横坐标的直线（合金线）Ⅰ。合金Ⅰ在 1 点温度以上全部为液相 L。当缓慢冷却至与 AC 线相交的 1 点温度时，开始从液相中结晶出奥氏体 A，奥氏体的含量随温度下降而增多，其成分沿 AE 线变化；剩余液相逐渐减少，其成分沿 AC 线变化。当冷却至 2 点温度时，液相全部结晶为与原合金成分相同的奥氏体。在 2 点~S 点温度范围内为单一奥氏体。当冷却至 S 点温度（727℃）时，发生共析转变，从奥氏体中同时析出铁素体和渗碳体，构成交替重叠的层片状两相组织，称为珠光体。

这种在一定温度下，由一定成分的固相同时析出两种一定成分的固相的转变，称为共析

转变。共析转变是在恒温下进行的，该温度称为共析温度。发生共析转变的成分称为共析成分。共析转变后的组织称为共析组织或共析体。共析转变后的铁素体和渗碳体又称为共析铁素体和共析渗碳体。由于在固态下原子扩散较困难，因此共析组织均匀、细密。

在 S 点以下继续缓慢冷却时，铁素体的成分沿 PQ 线变化，将有少量三次渗碳体（Fe_3C_{III}）从铁素体中析出，并与共析渗碳体混在一起，不易分辨；但其在钢中的影响不大，因而可忽略不计。共析钢的结晶过程如图 4-6 所示，其室温组织为珠光体。

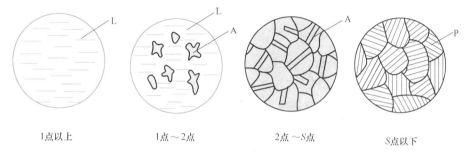

| 1点以上 | 1点～2点 | 2点～S点 | S点以下 |

图 4-6　共析钢结晶过程示意图

珠光体的力学性能介于铁素体与渗碳体之间，即强度较高，硬度适中，有一定的塑性，其显微组织如图 4-7 所示。

2. 亚共析钢的冷却过程分析

图 4-5 中的合金 Ⅱ 为 $w_C = 0.45\%$ 的亚共析钢。合金 Ⅱ 在 3 点温度以上的冷却过程与共析钢在 S 点温度以上相似。当合金缓慢冷却至与 GS 线相交的 3 点温度时，开始从奥氏体中析出铁素体。在 3 点~4 点温度范围内，组织为奥氏体和铁素体。当缓慢冷却至 4 点温度时，剩余奥氏体碳的质量分数达到共析成分，将发生共析转变而形成珠光体。温度继续下降，从铁素体中析出极少量的三次渗碳体（可忽略不计）。因此其室温组织为铁素体和珠光体。亚共析钢的结晶过程如图 4-8 所示。

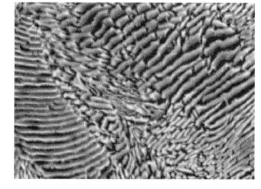

图 4-7　共析钢的显微组织（600×）

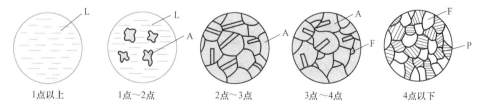

| 1点以上 | 1点～2点 | 2点～3点 | 3点～4点 | 4点以下 |

图 4-8　亚共析钢结晶过程示意图

所有亚共析钢的冷却过程均相似，其室温组织都是由铁素体和珠光体组成。所不同的是，随着碳的质量分数的增加，珠光体的量增多，铁素体的量减少。亚共析钢的显微组织如图 4-9 所示，图中白色部分为铁素体，黑色部分为珠光体。

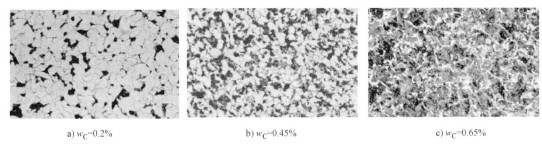

a) $w_C=0.2\%$ b) $w_C=0.45\%$ c) $w_C=0.65\%$

图 4-9　亚共析钢的显微组织（600×）

3. 过共析钢的冷却过程分析

图 4-5 中的合金Ⅲ为 $w_C=1.2\%$ 的过共析钢。合金Ⅲ在 3 点温度以上的冷却过程与共析钢在 S 点温度以上相似。当合金缓慢冷却至与 ES 线相交的 3 点温度时，奥氏体中碳的质量分数达到饱和，碳以二次渗碳体（Fe_3C_{II}）的形式析出，呈网状沿奥氏体晶界分布。继续冷却，二次渗碳体的量不断增多，奥氏体的量不断减少，剩余奥氏体的成分沿 ES 线变化。当冷却到与 PSK 线相交的 4 点温度时，剩余奥氏体中碳的质量分数达到共析成分，因此奥氏体发生共析转变，形成珠光体。继续冷却，组织基本不变。因此其室温组织为珠光体+网状二次渗碳体。过共析钢的结晶过程如图 4-10 所示。

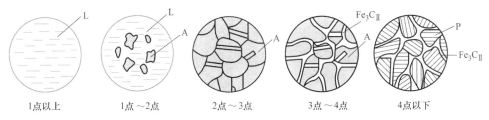

1点以上　　　　1点～2点　　　　2点～3点　　　　3点～4点　　　　4点以下

图 4-10　过共析钢结晶过程示意图

所有过共析钢的室温组织都是由珠光体和网状二次渗碳体组成的。不同的是，随碳的质量分数的增加，网状二次渗碳体的量增多，珠光体的量减少。过共析钢的显微组织如图 4-11 所示，图中呈片状黑白相间的组织为珠光体，白色网状组织为二次渗碳体。

4. 共晶白口铸铁的冷却过程分析

图 4-5 中的合金Ⅳ为 $w_C=4.3\%$ 的共晶白口铸铁。合金在 C 点温度以上为液相。当合金缓慢冷却至 C 点温度（1148℃）时，发生共晶转变，即从一定成分的液相中同时结晶出奥氏体和渗碳体。共晶转变后的奥氏体和渗碳体又称共晶奥氏体和共晶渗碳体。由奥氏体和渗碳体组成的共晶体，称为高温莱氏体。

高温莱氏体的性能与渗碳体相似，硬度很高，塑性极差。继续冷却时，从共晶奥氏体中不断析

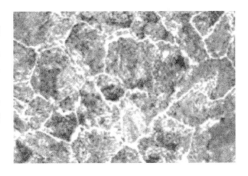

图 4-11　过共析钢的显微组织（600×）

出二次渗碳体，奥氏体中碳的质量分数沿 ES 线向共析成分接近。当缓慢冷却至 1 点温度时，奥氏体中碳的质量分数达到共析成分，并发生共析转变，形成珠光体；二次渗碳体保留至室

温。因此，共晶白口铸铁的室温组织是由珠光体和共晶渗碳体组成的共晶体，即低温莱氏体，如图4-12所示。其显微组织如图4-13所示，图中黑色部分为珠光体，白色基体为渗碳体。

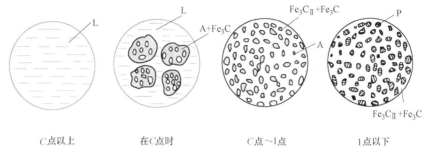

| *C*点以上 | 在*C*点时 | *C*点～1点 | 1点以下 |

图4-12 共晶白口铸铁结晶过程示意图

5. 亚共晶白口铸铁的冷却过程分析

图4-5中的合金 V 为 $w_C = 3.0\%$ 的亚共晶白口铸铁。当亚共晶白口铸铁缓慢冷却至与液相线 *AC* 线相交的 1 点温度时，液相中开始结晶出奥氏体。随着温度的下降，奥氏体的量逐渐增多，其成分沿固相线 *AE* 线变化；而剩余液相的量逐渐减少，其成分沿 *AC* 线向共晶成分接近。当冷却到与共晶线 *ECF* 线相交的 2 点温度时，即温度为 1148℃时，剩余液

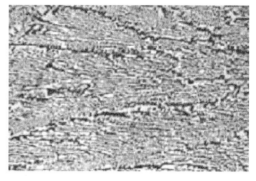

图4-13 共晶白口铸铁的显微组织（600×）

相达到共晶成分，将发生共晶转变，形成莱氏体，此时的组织为奥氏体+高温莱氏体。当缓慢冷却至 2 点～3 点温度范围时，奥氏体的成分将沿 *ES* 线向共析成分接近，并不断从先结晶出来的奥氏体和高温莱氏体中的奥氏体析出二次渗碳体。当缓慢冷却至与 *PSK* 线相交的 3 点温度时，奥氏体达到共析成分，将发生共析转变，析出珠光体；二次渗碳体保留至室温。因此，亚共晶白口铸铁的室温组织由珠光体+二次渗碳体+低温莱氏体组成。亚共晶白口铸铁的结晶过程如图4-14所示。其显微组织如图4-15所示，图中黑色块状或树枝状组织为珠光体，黑白相间的基体为低温莱氏体，珠光体周围白色网状组织为二次渗碳体。

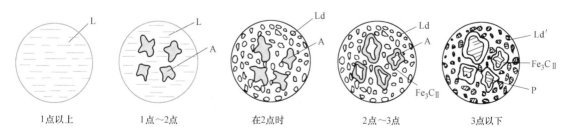

| 1点以上 | 1点～2点 | 在2点时 | 2点～3点 | 3点以下 |

图4-14 亚共晶白口铸铁结晶过程示意图

所有亚共晶白口铸铁的室温组织均由珠光体+二次渗碳体+低温莱氏体组成。不同的是，随碳的质量分数的增加，组织中低温莱氏体的量增多，其他组织的量相对减少。

6. 过共晶白口铸铁的冷却过程分析

图4-5中的合金Ⅵ为 $w_C = 5.0\%$ 的过共晶白口铸铁。当合金Ⅵ由液态冷却至与液相线 CD 线相交的 1 点温度时，液相中开始析出一次渗碳体。随着温度的下降，一次渗碳体的量不断增加，剩余液相的量逐渐减少，其成分沿液相线 CD 线改变。当冷却到与共晶线 ECF 线相交的 2 点温度（1148℃）时，液相中的碳的质量分数达到共晶成分，将发生共晶转变，形成高温莱氏体，此时组织为高温

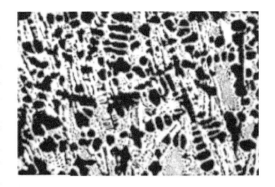

图 4-15　亚共晶白口铸铁的显微组织（600×）

莱氏体+一次渗碳体。当缓慢冷却至 2 点～3 点温度范围时，合金组织的变化规律与共晶和亚共晶白口铸铁基本相同。当冷却到 3 点温度时，奥氏体发生共析转变而形成珠光体。因此过共晶白口铸铁的室温组织为低温莱氏体+一次渗碳体。过共晶白口铸铁的结晶过程如图4-16 所示。

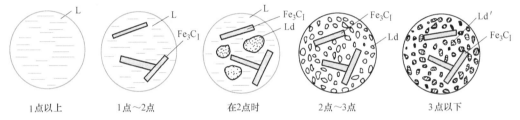

| 1点以上 | 1点～2点 | 在2点时 | 2点～3点 | 3点以下 |

图 4-16　过共晶白口铸铁结晶过程示意图

过共晶白口铸铁的显微组织如图 4-17 所示，图中白色条状组织为一次渗碳体，黑白相间的基体为低温莱氏体。所有过共晶白口铸铁的室温组织均由低温莱氏体+一次渗碳体组成，不同的是，随碳的质量分数的增加，组织中一次渗碳体的量增多。

三、铁碳合金的成分、组织与力学性能的关系

1. 碳的质量分数对铁碳合金平衡组织的影响

室温时，随碳的质量分数的增加，铁碳合金的组织变化如下：

$$F+Fe_3C_{Ⅲ} \rightarrow F+P \rightarrow P \rightarrow P+Fe_3C_{Ⅱ} \rightarrow P+Fe_3C_{Ⅱ}+Ld' \rightarrow Ld' \rightarrow Ld'+Fe_3C_{Ⅰ}$$

2. 碳的质量分数对力学性能的影响

图 4-18 所示为碳的质量分数对碳钢力学性能的影响示意图。当 $w_C < 0.9\%$ 时，随着碳的质量分数的增加，钢的强度和硬度直线上升，而塑性和韧性不断下降。这是由于随碳的质量分数的增加，钢中珠光体的量增多，铁素体的量减少所造成的。当 $w_C > 0.9\%$ 时，二次渗碳体沿晶界形成较完整的网，钢的强度开始明显下降，但硬度仍在增高，塑性和韧性继续降低。

图 4-17　过共晶白口铸铁的显微组织（600×）

3. 铁碳合金相图的应用

铁碳合金相图总结了不同成分合金的组织转变的规律，这为合理制订热加工工艺提供了重要依据。图 4-19 给出了铁碳相图与几种热加工温度之间的关系。

（1）铸造方面　合金的铸造性能（流动性、缩孔性、偏析倾向）与相图中的液、固相线之间的距离关系很大。液、固相线距离越宽，合金的流动性越差，分散缩孔越多。共晶成分的合金的结晶温度最低，结晶温度范围小，流动性好，分散缩孔少，铸造性能最好。因此，铸造合金成分常取共晶成分或其附近成分的合金。根据相图可以找出不同成分的钢和铸铁的熔点，为铸造工艺提供了基本数据，从而确定合适的浇注温度。

（2）热塑性变形方面　单相合金比多相合金具有更好的压力加工性能，这是由于多相合金中各相的晶体结构和位相不同以及晶界的阻碍作用，使变形抗力提高。在 Fe-Fe₃C 相图中，碳钢的高温区是单相奥氏体，为面心立方晶格，强度较低但塑性较好，便于变形加工。因此，在进行锻造和热轧加工时，要把坯件加热到奥氏体状态。但开始锻轧温度不能太高，以免严重氧化而导致脱碳，且终锻温度也不能过低，以免产生裂纹。

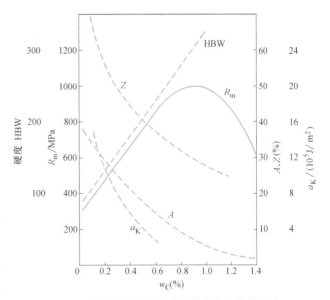

图 4-18　碳的质量分数对碳钢的力学性能的影响

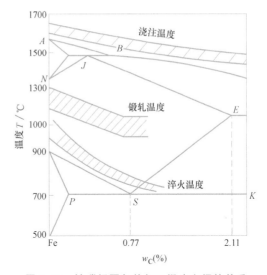

图 4-19　铁碳相图与热加工温度之间的关系

（3）焊接方面　在铁碳合金中，钢都可以进行焊接，但钢中所含碳的质量分数越高，其焊接性能越差，因此焊接用钢主要是低碳钢和低碳合金钢。

（4）热处理方面　各种热处理方法的加热温度与相图有密切关系，Fe-Fe₃C 相图是确定钢热处理加热温度的主要依据。

这里必须指出的是，使用 Fe-Fe₃C 相图的同时要考虑多种合金元素、杂质及实际生产中冷却和加热速度的影响，不能完全用相图来分析，还需借助于其他理论知识和有关手册及图表进行分析。

（5）选材方面　在设计和生产中，通常根据机器零件或工程构件的使用性能要求来选择钢的成分。例如，大多数机件和工程构件主要选用低碳钢和中碳钢，若对于塑性和韧性要求较高而强度要求不高的机件，则选用低碳钢；若要求强度、韧性、塑性等综合性能好，则应选用中碳钢，并通过热处理等工艺进一步提高钢的使用性能和工艺性能。各种工具钢则应选用高碳钢来制造。

【小结】

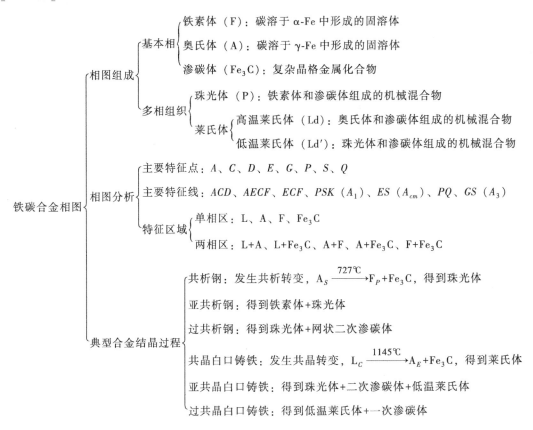

【综合训练】

一、填空题

1. 分别写出下列铁碳合金基本相和多相组织的符号，铁素体_____，奥氏体_____，珠光体_____，渗碳体_____，高温莱氏体_____，低温莱氏体_____。

2. 珠光体是由_____和_____组成的机械混合物（共析组织）。

3. 高温莱氏体是由_____和_____组成的机械混合物（共晶组织）。

4. 奥氏体在 1148℃ 时碳的质量分数可达_____，在 727℃ 时碳的质量分数为_____。

5. 根据室温组织的不同，钢可分为_____钢、_____钢和_____钢。共析钢的室温组织为_____；亚共析钢的室温组织为_____；过共析钢的室温组织为_____。

6. 碳的质量分数为 0.77% 的铁碳合金称为_____，其奥氏体冷却到 S 点发生共析转变，从奥氏体中同时析出_____和_____的混合物，称为_____。

二、判断题

1. 所有金属都具有同素异构转变现象。（   ）

2. 金属化合物的特性是硬而脆。因莱氏体的性能也是硬而脆，故莱氏体属于金属化合物。（   ）

3. 渗碳体中碳的质量分数为 6.69%。（   ）

4. Fe-Fe$_3$C 相图中，A_3 温度是随碳的质量分数增加而上升的。（   ）

5. 碳溶于 α-Fe 中所形成的间隙固溶体称为奥氏体。（   ）

6. 纯铁在 780℃ 时为体心立方晶格的 δ-Fe。（   ）

7. 一块纯铁在 912℃ 发生 α-Fe→γ-Fe 转变时，体积将发生收缩。（   ）

8. 铁碳合金平衡结晶过程中，只有 $w_C = 0.77\%$ 的共析钢才能发生共析反应。（   ）

9. 20 钢比 T12 钢的碳含量要高。（   ）

10. 在退火状态（接近平衡组织），45 钢比 20 钢的硬度和强度都高。（   ）

三、简答题

1. 什么是金属的同素异构转变？试以纯 Fe 为例分析同素异构转变过程。

2. 简述碳的质量分数为 0.45% 和 1.2% 的铁碳合金从液态冷却到室温的结晶过程。

3. 为什么碳钢进行热锻、热轧时都加热到奥氏体区？

4. 画出简化的铁碳合金相图，标注区域组织和相成分，并完成以下表格。

碳的质量分数 w_C（%）	温度/℃	组织	温度/℃	组织	温度/℃	组织
0.20	750		950		20	
0.77	650		750		20	
1.20	700		750		20	

5. 铁碳合金根据其在相图中的位置可分为哪几种？说明它们的含碳范围和室温组织。

6. 为什么绑扎物件一般用镀锌的低碳钢丝（$w_C = 0.2\%$），而起重机吊重物时却用钢丝绳（$w_C = 0.6\%$）？

7. 同样状态的两块铁碳合金，其中一块是 15 钢，一块是白口铸铁，用什么简便方法可以区分？

模块五
CHAPTER 5

钢的热处理

【学习目标】

1. 知识目标

1）掌握热处理的含义及分类方法。

2）掌握共析钢的奥氏体化过程。

3）掌握钢在冷却时的组织转变。

4）掌握钢的整体热处理。

5）了解钢的退火、正火、淬火、回火的目的。

2. 技能目标

了解钢的退火、正火、淬火、回火的实质目的及应用方法。

单元一 钢的热处理概述

钢在固态下加热、保温和冷却的过程中，会发生一系列组织转变，钢的热处理就是利用钢在加热和冷却时内部组织发生转变的基本规律，根据基本规律确定加热温度、保温时间和冷却介质等参数，以达到改善钢的性能的目的。热处理的实质是通过改变材料的组织结构来改变材料的性能。

> 说明
>
> 与铸造、压力加工、焊接和切削加工等不同，热处理不改变工件的形状和尺寸，只改变工件的性能，如提高材料的强度和硬度，增加耐磨性，或者改善材料的塑性、韧性和可加工性等。

一、热处理概述

热处理是提高材料使用性能、改善其工艺性能的基本途径之一，是挖掘材料潜力，保证产品质量、延长工件及刀具使用寿命的重要工艺。

热处理是指采用适当方式对材料或工件进行加热、保温和冷却，以获得预期组织结构，从而获得所需性能的工艺方法。图5-1所示为最基本的热处理工艺曲线。

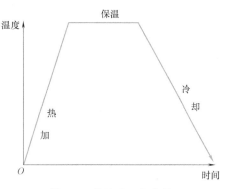

图 5-1 热处理工艺曲线

由于热处理的实质是通过改变材料的组织结构来改变材料的性能，因此只适用于固态下发生组织转变的材料，不发生固态相变的材料不能用热处理来强化。热处理区别于其他加工工艺（如铸造、压力加工等）的特点是通过改变工件的组织来改变其性能，而不改变其形状。

二、热处理分类

根据加热和冷却方式的不同，以及组织和性能变化特点的不同，可将热处理分为整体热处理、表面热处理、化学热处理和其他热处理。

1. 整体热处理

整体热处理是指对工件整体进行穿透加热的热处理，包括预备热处理（退火、正火）和最终热处理（淬火、回火）两种类型。

1）预备热处理是机械零件切削加工前的一个中间工序，用以改善工件的切削加工性能及为后续进行组织准备，包括退火、正火等。

2）最终热处理是指获得零件最终使用性能的热处理，包括退火、正火、淬火和回火等。

2. 表面热处理

表面热处理是为改变工件表面的组织和性能，仅对工件表面进行热处理的工艺，包括感应淬火、火焰淬火、接触电阻加热淬火、激光淬火和电子束淬火等。

3. 化学热处理

化学热处理是将工件置于一定温度的活性介质中保温，使一种或几种元素渗入工件的表层，以改变其化学成分、组织和性能的热处理，包括渗碳、渗氮和碳氮共渗等。

4. 其他热处理

其他热处理包括可控气氛热处理、真空热处理和形变热处理等。

热处理是一种重要的工艺方法，在制造业得到广泛应用。在机床制造中约 60%~70% 的零件要进行热处理。汽车、拖拉机中需热处理的零件达 70%~80%。至于模具、滚动轴承，则要 100% 进行热处理。总之，重要的零件都要经过适当的热处理才能使用。

单元二　钢在加热时的组织转变

一、钢热处理的临界温度

根据铁碳合金相图可知，图中的 A_1 线、A_3 线和 A_{cm} 线是钢在室温下发生组织转变的临界点，在实际热处理条件下，相变是在非平衡条件下进行的，其相变点与相图中的相变温度有一些差异。由于过热和过冷现象的影响，加热时相变温度偏向高温，冷却时则偏向低温。加热或冷却速度越快，这种现象越严重。图 5-2 所示为加热和冷却速度对碳钢临界温度的影响。通常把加热时的实际临界温度标以字母 c，如 Ac_1、Ac_3、Ac_{cm}；把冷却时的实际临界温度标以字母 r，如 Ar_1、Ar_3、Ar_{cm}。

说明
加热或冷却时的速度越大，组织转变偏离平衡临界点的程度也越大。

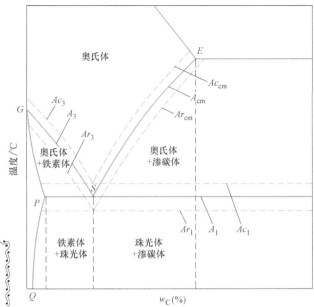

图 5-2 加热和冷却时碳钢的临界温度

二、钢的奥氏体化过程

1. 钢的加热转变

由 Fe-Fe$_3$C 相图可知，室温下的钢只有加热到 PSK 线以上温度时才能发生组织转变，即获得奥氏体。在珠光体转变为奥氏体的过程中，体心立方晶格的铁素体改组为面心立方晶格的奥氏体，渗碳体溶入奥氏体中。钢在加热时的奥氏体化既有铁晶格的改组，又有铁原子与碳原子的扩散。当共析钢加热到 Ac_1 以上温度时，将形成奥氏体。奥氏体的形成也是通过形核和晶核长大来实现的，其转变可分为如下四个阶段。

（1）奥氏体晶核的形成　奥氏体的晶核易于在铁素体 F 和渗碳体 Fe$_3$C 的相界面上形成。这是因为在两相的相界上原子排列不规则，空位和位错密度高，为形核提供了良好的条件。

（2）奥氏体形核后逐渐长大　晶核的长大是依靠与其相邻的铁素体 F 向奥氏体 A 的转变和渗碳体 Fe$_3$C 的不断溶解来完成的。A 向 F 和 Fe$_3$C 两个方向长大。

（3）残余渗碳体溶解　在奥氏体形成过程中，由于铁素体比渗碳体先消失，因此奥氏体形成之后还残存未溶渗碳体。未溶的残余渗碳体将随着时间的延长，继续不断地溶入奥氏体，直至全部消失。

（4）奥氏体成分均匀化　渗碳体完全溶解后，初期生成的奥氏体中碳的浓度分布并不均匀，原先是渗碳体的地方碳浓度高，原先是铁素体的地方碳浓度低，必须继续保温，通过碳的扩散使奥氏体成分均匀化，如图 5-3 所示。

亚共析钢的室温平衡组织为铁素体和珠光体，当加热温度超过 Ac_1 以上时，珠光体将转变为奥氏体，当加热温度超过 Ac_3 以上时，全部变成奥氏体组织。过共析钢的室温平衡组织为珠光体和渗碳体，要想得到单一的奥氏体组织，过共析钢要加热到 Ac_{cm} 线以上温度，以使共析铁素体或共析二次渗碳体完成向奥氏体的转变或溶解。

a) 奥氏体晶核的形成

b) 奥氏体晶核长大

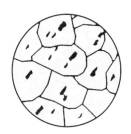
c) 残余渗碳体的溶解

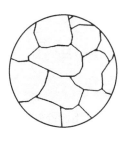
d) 奥氏体成分均匀化

图 5-3　奥氏体形成示意图

2. 奥氏体晶粒的长大及控制

（1）影响奥氏体长大的因素　影响奥氏体转变的因素很多，如加热温度、加热速度和原始组织等。加热温度越高，加热速度越快，形成奥氏体的速度越快；原始组织中钢的成分相同时，组织越细，相界面越多，奥氏体晶核形成的速度越快。

必须要指出的是，钢的奥氏体化的目的主要是获得成分均匀、晶粒细小的奥氏体组织，如果加热温度过高或保温时间过长，将会促使奥氏体晶粒粗化。

奥氏体晶粒的大小将直接影响随后冷却转变产物的晶粒大小及性能。加热时获得的奥氏体晶粒越细小，冷却转变的产物组织也越细小，性能也会越好。

（2）奥氏体晶粒大小的表示方法　奥氏体的晶粒度是指钢加热到相变点（亚共析钢为 Ac_3，过共析钢为 Ac_1 或 Ac_{cm}）以上某一温度，并保温一定时间所得到的奥氏体晶粒大小。

奥氏体晶粒大小的表示方法有三种：晶粒的平均直径（d）、单位面积内的晶粒数目（n）和晶粒度等级（N）。

按照相关国家标准，将钢的奥氏体晶粒度分为 8 级，其中 1～4 级为粗晶粒，5 级以上为细晶粒，超过 8 级为超细晶粒。奥氏体的晶粒度等级是将在一定加热条件后获得的奥氏体晶粒放大 100 倍后与标准晶粒度等级图比较得到的，如图 5-4 所示。

在生产中需经热处理的工件，一般都采用本质细晶粒钢制造。在工业生产中，用锰铁、硅铁脱氧的钢为本质粗晶粒钢，如沸腾钢；用铝脱氧的钢为本质细晶粒钢，如镇静钢。

（3）奥氏体晶粒大小的控制　在生产中常采用以下措施控制奥氏体晶粒的大小。

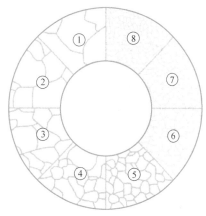

图 5-4　奥氏体标准晶粒度等级图

1）合理选择加热温度和保温时间。加热温度越高，保温时间越长，奥氏体晶粒长得越大。通常加热温度对奥氏体晶粒长大的影响比保温时间更显著。

2）控制加热速度。当加热温度确定后，加热速度越快，奥氏体晶粒越细小。因此，快速高温加热和短时间保温，是生产中常用的一种细化晶粒的方法。

3）钢中加入一定量的合金元素。在钢的奥氏体化过程中，合金元素（除 Mn、P 外）均可阻止奥氏体晶粒长大。

单元三　钢在冷却时的组织转变

常用的冷却方式通常有两种，即等温冷却和连续冷却。

等温冷却是将钢件奥氏体化后，冷却到临界点（Ar_1 或 Ar_3）以下等温，待过冷奥氏体转变完成后再冷却到室温的一种冷却方式。例如，等温退火、等温淬火均属于等温冷却。

连续冷却是将钢件奥氏体化后，以不同的冷却速度连续冷却到室温，使过冷奥氏体在温度不断下降的过程中完成转变，如图 5-5 所示。

为了分析奥氏体冷却时的转变规律，首先应掌握过冷奥氏体的转变曲线。

一、奥氏体等温转变图

1. 建立过冷奥氏体等温转变图

在 A_1 线温度以下的奥氏体处于不稳定状态，只能暂时存在于孕育期中，处于过冷状态，称为过冷奥氏体。钢在冷却时的转变，实质上是过冷度奥氏体的转变，过冷奥氏体在不同温度的等温转变规律可用奥氏体等温转变图进行研究。

现以共析钢为例来说明图 5-6 所示的过冷奥氏体等温转变图的建立方法。把同尺寸的共析钢分成若干组，取一组试样加热使其奥氏体化后，将试样投入 A_1 线以下某一温度的等温盐浴炉中进行等温转变并计时，每隔一定的时间取出一个试样并立即淬入水中，用显微镜观察试样的组织变化，进而得到此温度等温转变的开始点与终了点；用同样方法，通过其他组试样，测定过冷奥氏体在各个温度下组织转变的开始点与终了点。最后在温度-时间坐标系中，把各温度下组织转变的开始点和终了点分别连成一条曲线，就得到了奥氏体等温转变图。

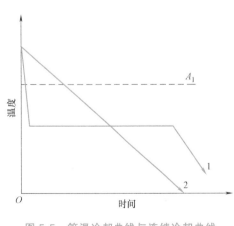

图 5-5　等温冷却曲线与连续冷却曲线

1—等温冷却　2—连续冷却

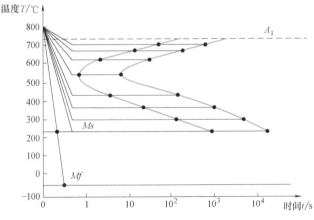

图 5-6　共析钢过冷奥氏体等温转变图

2. 分析过冷奥氏体等温转变图

由于曲线形状与字母 C 相似，故又简称为 C 曲线。左侧的曲线为组织转变开始线，右侧的曲线为组织转变终了线。

（1）各特性线说明

A_1 线：珠光体与奥氏体平衡转变的临界温度。

Ms 线：过冷奥氏体马氏体转变开始线。

Mf 线：过冷奥氏体马氏体转变终了线。

（2）区的含义

1）A_1 线以上：奥氏体稳定区。

2）A_1 线至 Ms 线之间以及转变开始线左边：过冷奥氏体区。

3）转变终了线右边：转变产物区。

4）转变开始线与转变终了线之间：等温转变区。

5）Ms 线与 Mf 线之间：马氏体转变区。

（3）孕育期 由曲线可以看出，过冷奥氏体在各个温度的等温转变并不是瞬间就开始的，而是有一段孕育期（转变开始线与纵坐标间的水平距离）。孕育期随转变温度的降低，先是逐渐缩短，而后又逐渐加长，在曲线拐弯处（或称"鼻尖"），温度约550℃，孕育期最短，过冷奥氏体最不稳定，转变速度最快。

3. 过冷奥氏体等温转变产物的组织和性能

（1）珠光体型转变 等温转变温度为 $550℃ \sim A_1$ 时，过冷奥氏体将发生珠光体型转变。过冷奥氏体向珠光体转变是扩散型转变，要发生铁、碳原子的扩散和晶格的改组，其转变过程也是通过形核和晶核长大完成的，如图5-7所示。

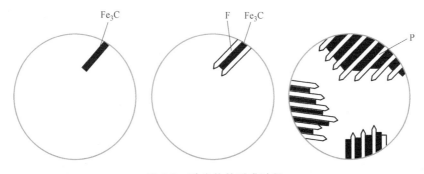

图 5-7 珠光体的形成过程

珠光体型转变的产物为层片状珠光体型组织，组织的层间距随等温转变温度降低而逐渐减小。根据片层的厚薄不同，这类组织又可细分为三种，见表5-1。

表 5-1 珠光体类型组织形态与性能

等温温度	组织名称	符号	层间距	可分辨显微镜倍数	硬度 HRC
$650℃ \sim A_1$	珠光体	P	约 $0.3\mu m$	500	$10 \sim 20$
$600 \sim 650℃$	索氏体	S	$0.1 \sim 0.3\mu m$	$800 \sim 1000$	$20 \sim 30$
$550 \sim 600℃$	托氏体	T	约 $0.1\mu m$	>5000	$30 \sim 40$

珠光体型组织分为珠光体（P）、索氏体（S）和托（或屈）氏体（T）。珠光体较粗，索氏体较细，托氏体最细，如图5-8~图5-10所示。珠光体的层间距越小，相界面越多，塑

性变形抗力越大，故强度和硬度越高。另外，由于层间距越小，渗碳体越薄，越容易随铁素体一起变形而不脆断，因而塑性和韧性也有所提高。

a) 光学显微组织

b) 电子显微组织

图 5-8　珠光体

a) 光学显微组织

b) 电子显微组织

图 5-9　索氏体

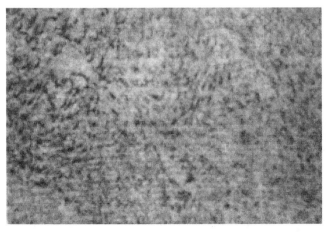

a) 光学显微组织

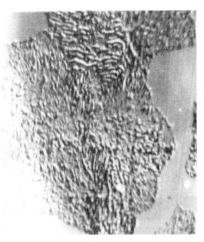

b) 电子显微组织

图 5-10　托氏体

（2）贝氏体型转变　贝氏体型转变是半扩散型相变，只有碳原子扩散，铁原子不扩散。转变温度不同，形成的贝氏体型组织形态也明显不同。通常将在 350~550℃ 温度范围内等温转变形成的组织称为上贝氏体（$B_上$）如图 5-11 所示；$Ms \sim 350℃$ 温度范围内，形成的组织称为下贝氏体（$B_下$），如图 5-12 所示。

a) 光学显微组织

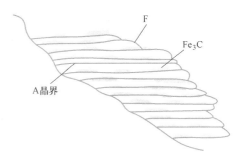

b) 组织结构示意图

图 5-11　上贝氏体

a) 光学显微组织

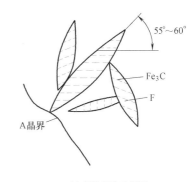

b) 组织结构示意图

图 5-12　下贝氏体

　　贝氏体的力学性能与其形态有关。上贝氏体中铁素体片层较宽，塑性变形抗力较低；由于渗碳体分布在铁素体片层之间，容易引起脆断，因此强度和韧性都较低，没有实用价值；下贝氏体中铁素体片层细小，无方向性，碳的过饱和度大，碳化物分布均匀，所以硬度高、韧性好，具有较好的综合力学性能。

　　（3）马氏体型转变　马氏体（M）是碳溶于 α-Fe 中的过饱和固溶体。马氏体组织形态有片状（针状）和板条状两种。其组织形态主要取决于奥氏体中碳的质量分数，在奥氏体中，当 $w_C > 1.0\%$ 时，马氏体呈凸透镜状，称片状马氏体，又称高碳马氏体，观察金相磨片，其断面呈针状，如图 5-13 所示。当 $w_C < 0.25\%$ 时，马氏体呈板条状，故称板条马氏体，又称低碳马氏体，如图 5-14 所示。若 w_C 介于 $0.25\% \sim 1.0\%$ 之间，则转变产物为片状和板条状马氏体的混合组织。

　　马氏体的硬度和强度主要取决于马氏体中碳的质量分数，如图 5-15 所示。

　　马氏体的硬度和强度随着马氏体中碳的质量分数的增加而升高，但当马氏体中 $w_C > 0.6\%$ 时，硬度和强度的提高并不明显。马氏体的塑性和韧性也与其碳的质量分数有关，片状高碳马氏体的塑性和韧性差，而板条状低碳马氏体的塑性和韧性较好。

　　马氏体转变为无扩散型转变，当冷却速度大于 v_k 时，奥氏体很快被过冷到 Ms 点以下，发生马氏体转变。由于过冷度很大，铁、碳原子均不能进行扩散，只有依靠铁原子的移动来

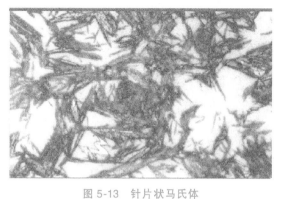

图 5-13　针片状马氏体

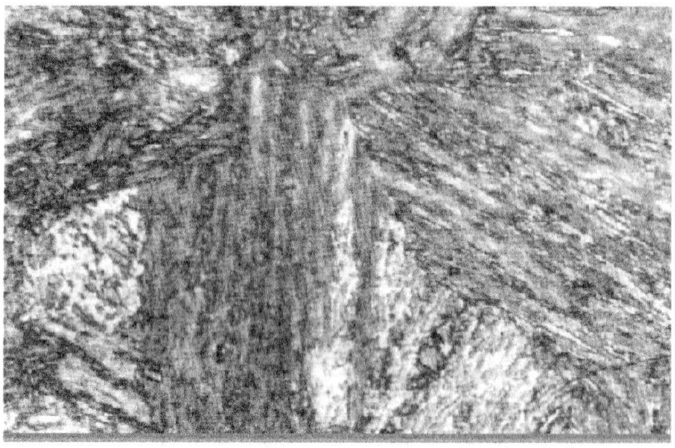

图 5-14　板条状马氏体

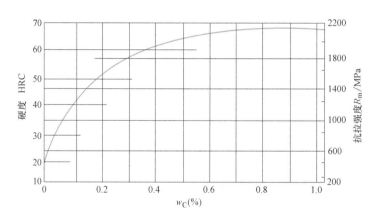

图 5-15　马氏体的硬度和强度与碳的质量分数的关系

完成 γ-Fe 向 α-Fe 的晶格改组，但原来固溶于奥氏体中的碳仍全部保留在 α-Fe 中。

　　奥氏体向马氏体转变时，奥氏体中的碳全部"冻结"在 α-Fe 中。由于碳的过饱和溶入，使得晶格发生畸变，晶格常数 $a=b<c$，形成体心正方晶格，如图 5-16 所示。c/a 称为正方度，马氏体中碳的质量分数越高，其正方度越大，正方畸变越大，马氏体的质量体积（单位质量物质的体积，俗称比容）也越大。由于碳的过饱和作用，使 α-Fe 晶格由体心立方变成体心正方晶格，因此钢在淬火时，由于奥氏体转变为马氏体将会发生体积膨胀，产生应力，易导致钢件变形与开裂。

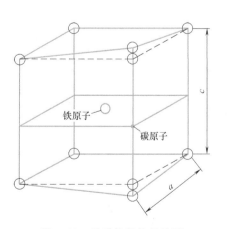

图 5-16　马氏体晶体结构图

　　4. 非共析钢的奥氏体等温转变

　　凡是影响奥氏体稳定性的因素，都能影响过冷奥氏体的等温转变，从而影响奥氏体等温转变图的位置和形状。

　　亚共析钢与共析钢的奥氏体等温转变图的区别是，在过冷奥氏体转变为珠光体之前，亚共析钢有先共析铁素体析出。过共析钢与共析钢的奥氏体等温转变图的区别是，在过冷奥氏体转变为珠光体之前，过共析钢有先共析渗碳体析出。因此，分别在奥氏体等温转变图左上部多了一条先共析铁素体析出线（图 5-17a）和先共析渗碳体析出线（图 5-17b）。

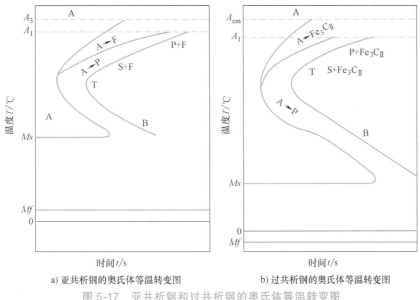

a) 亚共析钢的奥氏体等温转变图　　　　b) 过共析钢的奥氏体等温转变图

图 5-17　亚共析钢和过共析钢的奥氏体等温转变图

二、奥氏体连续冷却转变图

在实际生产中，钢铁材料的冷却一般不是等温冷却而是连续冷却，例如一般的退火、正火、淬火等，过冷奥氏体的转变大多数在连续冷却过程中完成的。因此，研究过冷奥氏体在连续冷却过程中的转变具有十分重要的意义。

1. 奥氏体连续冷却转变图分析

由图 5-18 可知，连续冷却转变图只有等温转变图的上半部分，没有下半部分，即连续冷却转变时不形成贝氏体组织，且图形较奥氏体等温转变图向右下方偏移。图中 P_s 线为转变开始线；P_f 线为转变终了线；K 线为转变中止线，它表示当冷却速度线与 K 线相交时，过冷奥氏体不再向珠光体转变，而一直保留到 Ms 点以下转变为马氏体。冷却速度线与连续冷却转变图转变开始线相切的冷却速度 v_k 称为上临界冷却速度（或称马氏体临界冷却速

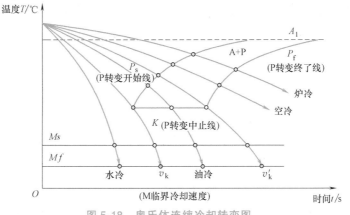

图 5-18　奥氏体连续冷却转变图

度），它是获得全部马氏体组织的最小冷却速度。v'_k 称为下临界冷却速度，它是获得全部珠光体的最大冷却速度。

2. 奥氏体等温转变图在连续冷却转变中的应用

以共析钢为例，将连续冷却速度线画在奥氏体等温转变图上，根据与奥氏体等温转变图相交的位置，可估计出连续冷却转变的产物，如图 5-19 所示。

由图 5-19 可知，冷却速度 v_1 相当于炉冷的速度，根据冷却速度线和奥氏体等温转变图相交的位置，可估计出奥氏体将转变为珠光体；冷却速度 v_2 相当于空冷的速度，根据冷却速度线和奥氏体等温转变图相交的位置，可估计出奥氏体将转变为索氏体；冷却速度 v_3 相当于油冷的速度，有一部分奥氏体先转变成托氏体，剩余的奥氏体冷却到 Ms 线开始转变为马氏体，最终获得托氏体+马氏体+残留奥氏体的混合组织；冷却速度 v_4 相当于水冷的速度，冷却速度线不与奥氏体等温转变图

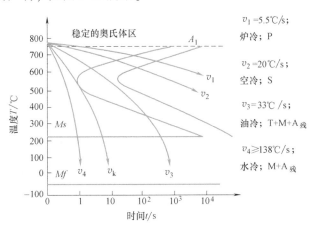

图 5-19　共析钢过冷奥氏体等温转变图在
连续冷却中的应用

相交，一直过冷到 Ms 线以下发生马氏体转变，得到马氏体+残留奥氏体组织；冷却速度 v_k 的冷却速度线与奥氏体等温转变图"鼻尖"相切，为共析钢的马氏体临界冷却速度。

> **说明**
>
> v_1、v_2、v_3、v_4 四种冷却速度，分别相当于热处理中常用的随炉冷却、空冷、油冷、水冷四种冷却方法。

综上所述，钢在冷却时，过冷奥氏体的转变产物根据其转变温度的高低可分为高温转变产物（珠光体、索氏体、托氏体）、中温转变产物（上贝氏体、下贝氏体）和低温转变产物（马氏体）。

随着转变温度的降低，转变产物的硬度增高，而韧性的变化则较为复杂。

单元四　钢的热处理工艺

对于钢铁材料，常用的热处理工艺有退火、正火、淬火、回火表面热处理及化学热处理。

一、钢的退火

在机器零件的加工制造过程中，一般将退火作为预备热处理工序安排在铸造、锻造、焊

接工序之后，切削（粗）加工之前，用以消除前一道工序带来的某些缺陷，为随后的工序做准备。例如，在铸造或锻造等热加工以后，钢件中不但存在残余应力，而且组织粗大不均匀，成分也有偏析，钢件的力学性能低劣，淬火时也容易造成变形和开裂。又如，在铸造或锻造等热加工以后，钢件的硬度经常偏低或偏高，而且组织不均匀，严重影响切削加工性能。

钢的退火是将钢件加热到适当温度，保温一定时间，然后缓慢冷却，以获得接近平衡组织状态的热处理工艺。

退火的主要特点是冷却速度慢，获得接近平衡组织，可降低硬度、细化晶粒、消除残余应力。

1. 完全退火

完全退火是指将钢件完全奥氏体化（加热温度为 Ac_3 线以上 $30 \sim 50℃$）后缓慢冷却，获得接近平衡组织的退火工艺。在生产中，为提高生产率，一般工件随炉冷至 $600℃$ 左右，再出炉空冷，一般用于亚共析钢的铸件、锻件、焊件以及热轧型材。通过完全退火，可以细化晶粒，消除内应力，降低硬度，以利于切削加工。

2. 等温退火

等温退火是将钢件加热到 Ac_3 线以上 $30 \sim 50℃$（亚共析钢）或 Ac_1 线以上 $10 \sim 20℃$（共析钢、过共析钢），保温适当时间后，较快冷却到珠光体转变温度区间的适当温度并保持等温，使奥氏体转变为珠光体型组织，然后在空气中冷却的退火工艺。

等温退火与完全退火的目的相同，但等温退火的转变较易控制，所用时间比完全退火时的缩短约 1/3，并可获得均匀的组织和性能。特别是对于某些合金钢，生产中常用等温退火来代替完全退火或球化退火。图 5-20 所示为高速工具钢完全退火与等温退火的比较。

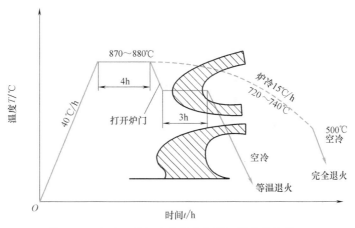

图 5-20 高速工具钢完全退火与等温退火的比较

3. 球化退火

球化退火是指将共析钢或过共析钢加热到 Ac_1 线以上 $10 \sim 20℃$，保温一定时间后，随炉缓冷至室温，或快冷到略低于 Ar_1 温度，保温一段时间，然后随炉冷至 $600℃$ 左右再空冷，使钢中碳化物球状化的退火工艺。其目的是将片状珠光体转变球状珠光体，降低钢材的硬度，改善钢材的切削加工性能，为淬火做组织准备，如图 5-21 所示。球化退火一般用于处理过共析钢制造的刀具、量具、模具等。

过共析钢及合金工具钢热加工后，组织中常出现粗片状珠光体和网状二次渗碳体，钢的硬度和脆性增加，钢的切削性能变差，且淬火时易产生变形和开裂。为消除上述缺陷，可采用球化退火，使珠光体中的片状渗碳体和钢中的网状二次渗碳体均呈球（粒）状，这种在铁素体基体上弥散分布着球状渗碳体的复相组织，称为球化体，如图 5-22 所示。

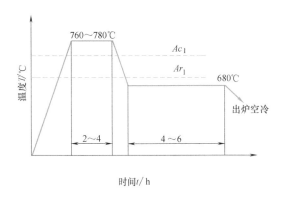

图 5-21　T10 钢的球化退火工艺曲线　　　　图 5-22　球状珠光体显微组织

对于存在有严重网状二次渗碳体的钢，可在球化退火前，先进行一次正火。

4. 去应力退火

若采用高温退火（如完全退火），可以彻底地消除内应力，但会使氧化、脱碳严重，还会产生高温变形，故为了消除铸件、锻件和焊件的内应力（没有发生组织变化），一般采用低温退火。一般将工件加热到 Ac_1 线以下 $100\sim200℃$，保持一定时间后随炉冷却至 $200℃$ 以下，再出炉空冷。

5. 均匀化退火

为消除钢锭、铸件或锻造毛坯的枝晶偏析现象，将其加热到 Ac_3 线以上 $150\sim200℃$，长时间保温后随炉冷却，通过原子扩散使成分均匀化，称为均匀化退火或扩散退火。由于均匀化退火后钢的晶粒很粗大，因此一般要进行完全退火或正火处理。均匀化退火主要用于质量要求高的合金钢铸锭、铸件、锻坯等。

二、钢的正火

1. 正火

正火是指将钢件加热到 Ac_3 线（亚共析钢）或 Ac_{cm} 线（过共析钢）以上 $30\sim50℃$，经保温后在空气中冷却的热处理工艺。

正火的主要特点是：冷却速度比退火快，晶粒更细小。低碳钢和低碳合金钢正火后可提高硬度；中碳钢正火后可提高力学性能；高碳钢正火后可消除网状渗碳体。

2. 正火的应用

（1）消除缺陷组织　所有的钢铁工件均可通过正火使晶粒细化。截面较大的合金结构钢件，在淬火或调质处理（淬火+高温回火）前常进行正火，以消除魏氏组织和带状组织，并获得细小而均匀的组织。对于过共析钢，正火后可消除网状二次渗碳体，为球化退火做好组织准备。某些碳钢和低合金钢的淬火返修件，也采用正火消除内应力并细化组织，以防止重新淬火时产生变形或开裂。

（2）作为最终热处理 正火可以细化晶粒，使组织均匀化，可减少亚共析钢中铁素体的含量，使珠光体含量增多并细化，从而提高钢的强度、硬度和韧性。对于力学性能要求不高的结构钢零件，经正火后所获得的性能可满足使用要求，可用正火作为最终热处理。

（3）改善可加工性 低碳钢或低碳合金钢退火后的组织中铁素体过多，硬度太低，可用正火得到量多而细的珠光体组织，提高其硬度，从而改善可加工性。因此，对于低碳钢或低碳合金钢，通常采用正火来代替完全退火，作为预备热处理。常用钢的正火加热温度及硬度值见表5-2。

表 5-2　常用钢的正火加热温度及硬度值

钢的牌号	加热温度/℃	正火后硬度 HBW	备　　注
15	900~940	≤143	
35	900~950	146~197	
45	840~880	170~217	
20Cr	870~900	143~197	渗碳前的预备热处理
20CrMnTi	920~970	160~207	渗碳前的预备热处理
40Cr	870~890	179~229	正火后 680~720℃高温回火
40CrNiMoA	860~890	159~207	
38CrMoAlA	890~920	220~270	正火后 680~720℃高温回火
GCr15	930~970	179~229	消除网状碳化物
CrWMn	970~990	—	消除网状碳化物

注：正火的加热、保温时间与工件的有效厚度、钢种、装炉方式、装炉量、装炉温度、加热炉的性能和密封程度等因素有关，具体可参照正火工艺规程。

3. 正火与退火的选用原则

正火与退火的主要区别是正火的冷却速度稍快，得到的组织较细小，强度和硬度有所提高，操作简便，生产周期短，成本较低。低碳钢和低碳合金钢经正火后，可提高硬度，改善切削加工性能（170~230HBW 范围内金属的切削加工性能较好）。对于中碳结构钢制作的较重要零件，正火可作为预备热处理，为最终热处理做好组织准备；对于过共析钢，正火可消除网状二次渗碳体，为球化退火做好组织准备。对于使用性能要求不高的零件，以及某些大型或形状复杂的零件，当淬火有开裂危险时，可采用正火作为最终热处理。

钢的几种热处理工艺与合适的切削加工硬度范围的关系，如图5-23所示。图中阴影部分为合适的切削加工硬度范围。

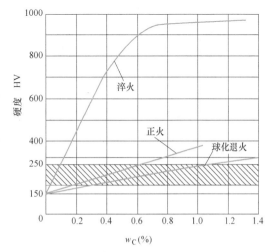

图 5-23　钢的几种热处理工艺与合适的切削加工硬度范围的关系

几种退火与正火的加热温度范围及热处理工艺曲线，如图 5-24 所示。

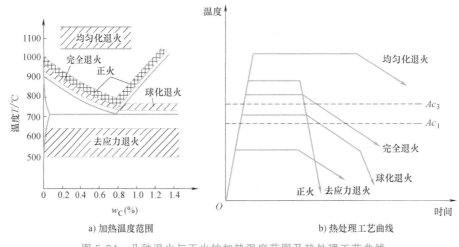

a) 加热温度范围　　　　　　　　　b) 热处理工艺曲线

图 5-24　几种退火与正火的加热温度范围及热处理工艺曲线

三、钢的淬火

淬火是将钢加热至临界点（Ac_3 线或 Ac_1 线）以上，保温后以大于 v_k 的速度冷却，使奥氏体转变成马氏体（或下贝氏体）的热处理工艺。淬火是为了得到马氏体组织，是钢的最主要的强化方式。

1. 淬火工艺

（1）淬火加热温度　在选择淬火加热温度时，应尽量使获得的组织的硬度越大越好，获得的晶粒越小越好。

对于亚共析钢，淬火温度一般为 Ac_3 线以上 30～50℃，淬火后得到均匀细小的马氏体（M）和少量残留奥氏体。若淬火温度过低，则淬火后的组织中将会有铁素体（F），使钢的强度、硬度降低；若加热温度超过 Ac_3 线以上 30～50℃，则奥氏体晶粒粗化，淬火后得到粗大的马氏体，钢的力学性能变差且淬火应力增大，易导致变形和开裂。

对于共析钢或过共析钢，淬火加热温度为 Ac_1 线以上 30～50℃，淬火后得到细小的马氏体和少量残留奥氏体（共析钢），或细小的马氏体、少量渗碳体和残留奥氏体（过共析钢）。由于渗碳体的存在，可使钢的硬度和耐磨性有所提高。若温度过高（如过共析钢加热到 Ac_{cm} 线以上温度），由于渗碳体全部溶入奥氏体中，奥氏体中碳的质量分数提高，Ms 温度降低，淬火后残留奥氏体量增多，因此钢的硬度和耐磨性降低。此外，较高的温度可使奥氏体晶粒粗化，淬火后得到粗大的马氏体，脆性增大。若加热温度低于 Ac_1 线，组织没发生相变，达不到淬火目的。碳钢的淬火加热温度范围如图 5-25 所示。

对于合金钢，由于大多数合金元素有阻碍奥氏体晶粒长大的作用，因而其淬火加热温度比碳钢高，以使合金元素在奥氏体中充分溶解和均匀化，从而获得较好的淬火效果。在实际生产中，确定淬火加热温度时，还需考虑工件的形状、尺寸、淬火冷却介质和技术要求等因素。

（2）淬火加热时间　加热时间包括升温和保温时间。通常以装炉后温度达到淬火加热温度所需时间为升温时间，并以此作为保温时间的开始；保温时间是指钢件烧透并完成奥氏体均匀化所需的时间。

加热时间受钢件的成分、形状、尺寸，装炉方式，装炉量，加热炉类型，炉温和加热介质等因素影响。

（3）淬火冷却介质　钢进行淬火时，冷却是最关键的工序，淬火的冷却速度必须大于临界冷却速度，即快冷才能得到马氏体，但快冷总会带来内应力，往往会引起工件的变形和开裂。理想的淬火冷却速度曲线如图 5-26 所示。但是到目前为止，还找不到完全理想的淬火冷却介质。

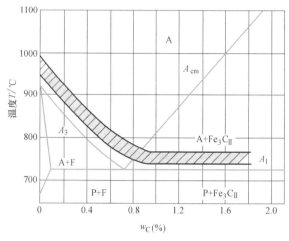

图 5-25　碳钢的淬火加热温度范围示意图

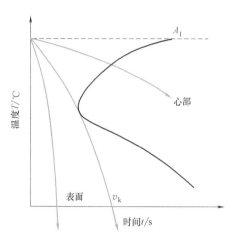

图 5-26　理想的淬火冷却速度曲线

生产中，常用的冷却介质是水、油、碱或盐类水溶液。

水是最常用的冷却介质，它有较强的冷却能力，且成本低，但其缺点是在 400~650℃ 范围内冷却能力不够强，而在 200~300℃ 范围内冷却能力又过大，常会引起淬火钢的内应力增大，导致工件变形和开裂。因此，水在生产中主要用于形状简单、截面较大的碳钢零件的淬火。

如在水中加入盐或碱类物质，能增加介质在 400~650℃ 范围内的冷却能力，这对保证工件（特别是碳钢）的淬硬是非常有利的，但盐水仍具有水的缺点，即在 200~300℃ 范围内冷却能力过大，工件变形和开裂倾向很大。常用的盐水浓度为 10%~15%，盐水对工件有腐蚀作用，淬火后的工件应仔细清洗。盐水比较适用于形状简单、硬度要求高而均匀、表面要求光洁、变形要求不严格的碳钢零件的淬火。

淬火常用的油有机油、变压器油、柴油等。油在 200~300℃ 范围内的冷却速度比水小，有利于减小工件的变形和开裂倾向，但油在 400~650℃ 范围内的冷却速度也比水小，不利于工件的淬硬。因此，油只能用于低合金钢与合金钢的淬火，使用时油温应控制在 40~100℃ 范围内。

为了减少工件淬火时的变形，可采用盐浴作为淬火介质，如熔融的 $NaNO_3$、KNO_3 等，主要用于贝氏体等温淬火和马氏体分级淬火。其特点是沸点高，冷却能力介于水与油之间，常用于形状复杂、尺寸较小和变形要求严格的工件的淬火。

2. 淬火方法

由于目前还没有理想的淬火介质，因此在实际生产中应根据淬火件的具体情况采用不同的淬火方法，力求达到较好的效果。常用的淬火方法如图 5-27 所示。

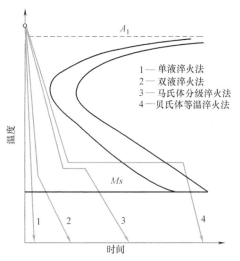

1—单液淬火法
2—双液淬火法
3—马氏体分级淬火法
4—贝氏体等温淬火法

图 5-27　常用淬火方法示意图

（1）单液淬火　是指将已奥氏体化的工件在一种淬火冷却介质中冷却的方法。此方法操作简单，易实现机械化。通常形状简单、尺寸较大的碳钢件在水中淬火，合金钢件及尺寸很小的碳钢件在油中淬火，其工艺曲线如图 5-27 中的曲线 1 所示。

（2）双液淬火　是指将工件加热到奥氏体化后先浸入冷却能力强的介质中，在组织将要发生马氏体转变时立即转入冷却能力弱的介质中冷却的淬火工艺，如图 5-27 中的曲线 2 所示。常用的有先水后油，先水后空气等。此种方法在操作时，如能控制好工件在水中停留的时间，就可有效防止工件淬火变形和开裂，但要求有较高的操作技术。此方法主要用于形状复杂的高碳钢件和尺寸较大的合金钢件。

（3）马氏体分级淬火　是指将钢件浸入温度稍高于或稍低于 Ms 线的盐浴或碱浴中，保持适当时间，待工件整体达到淬火冷却介质温度后取出空冷，以获得马氏体组织的淬火工艺，如图 5-27 中曲线 3 所示。此法比双介质淬火容易控制，能减小热应力、相变应力和变形，防止开裂，主要用于截面尺寸较小（直径或厚度<12mm）、形状较复杂的工件。

（4）贝氏体等温淬火　是指将钢件加热到奥氏体化后快冷到贝氏体转变温度区间并保持等温，使奥氏体转变为贝氏体的淬火工艺，如图 5-27 中曲线 4 所示。此法淬火后应力和变形很小，但生产周期长、效率低，主要用于形状复杂、尺寸要求精确，并要求有较高强韧性的小型模具及弹簧等工件。

（5）局部淬火　是指仅对钢件需要硬化的局部进行加热淬火的工艺，如图 5-28 所示。此法既保证了钢件局部的高硬度，又可避免其他部分产生变形或开裂，主要用于凿子、卡规等工件。

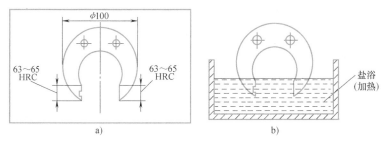

图 5-28　卡规的局部淬火

3. 淬透性

（1）淬透性的概念　淬透性，从组织上讲，是指钢淬火时全部或部分获得马氏体组织的难易程度；从硬度上讲，是指钢淬火时获得较深淬硬层或中心被淬硬（淬透）的能力。淬硬层越深，表明钢的淬透性越好。

从理论上讲，淬硬层深度应是工件整个截面上全部淬成马氏体的深度。但实际上，一般规定从工件表面向里至半马氏体区（马氏体与非马氏体组织各占一半处）的垂直距离作为有效淬硬层深度。用半马氏体处作为淬硬层的界限，只要测出截面上半马氏体硬度值的位置，即可确定出淬硬层深度。零件淬火所能获得的淬硬层深度是变化的，随着钢的淬透性、零件尺寸和形状及工艺规范的不同而变化。

实际淬火工作中，如果整个截面都得到马氏体，即表明工件已淬透。但大的工件经常是表面淬成了马氏体，而心部未得到马氏体。这是因为淬火时，表层的冷却速度大于临界冷却速度 v_k 而心部的冷却速度小于 v_k 的缘故，如图 5-29 所示。

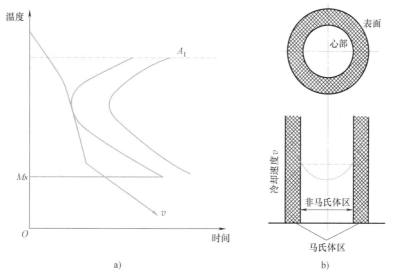

图 5-29　工件淬硬层深度与冷却速度的关系示意图

（2）影响淬透性的因素　钢的化学成分和奥氏体化条件是影响其淬透性的基本因素。

1）化学成分的影响。所有溶于奥氏体的合金元素，都能增加过冷奥氏体的稳定性，从而提高淬透性。合金钢的淬透性比碳钢好。

2）奥氏体化条件的影响。奥氏体化温度越高，保温时间越长，晶粒越粗大，成分越均匀，过冷奥氏体就越稳定。因而钢的临界冷却速度越小，钢的淬透性就越好。

（3）淬透性的测定方法

1）末端淬火法。将钢件加热至奥氏体化温度，停留 35min，然后迅速对钢件末端喷水冷却。钢的末端受水最多，冷却最快，越往上冷却越慢，然后沿钢件轴线方向测量距淬火端面不同距离处的硬度值，以此来衡量钢的淬透性高低。

2）临界直径（D）法。即测定钢在某种介质中淬火后，心部能得到全部马氏体或 50% 马氏体组织的最大直径。在冷却能力大的介质中比在冷却能力小的介质中所淬透的直径要大。在同一介质中，钢的临界直径越大，其淬透性越高。

（4）淬透性的应用　力学性能是机械设计中选材的主要依据，而钢的淬透性又会直接影响热处理后的力学性能。因此选材时，必须对钢的淬透性有充分了解。

对于截面尺寸较大和在动载荷下工作的许多重要零件，以及承受拉和压应力的连接螺栓、连杆等重要零件（图 5-30），常常要求零件表面与心部的力学性能一致，此时应选用高淬透性的钢制造，并要求全部淬透。

对于承受弯曲或扭转载荷的轴类、齿轮零件，其表面受力最大、心部受力最小，则可选用淬透性较低的钢种，只要求淬透层深度为工件半径或厚度的 1/3~1/2 即可。

对于某些工件，不可选用淬透性高的钢，例如焊件，若选用高淬透性钢，则易在焊缝热影响区内出现淬火组织，造成焊件变形、开裂。

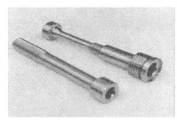 

a) 高强螺栓　　　　　　　　　b) 柴油机连杆

图 5-30　淬透性的应用

（5）淬透性与淬硬性的区别

1）淬透性：表明钢淬火时获得马氏体的能力。过冷奥氏体越稳定，其等温转变曲线越向右移，马氏体临界冷却速度 v_k 越小，钢的淬透性越好（越高）。它主要取决于奥氏体中的合金含量。

2）淬硬性：表示钢淬火后能达到最高硬度的能力。淬火后的硬度越高，淬硬性越好（越高）。它主要取决于马氏体中碳的质量分数，合金元素的含量对淬硬性没有显著影响。淬透性好的钢，其淬硬性不一定高。低碳钢淬火的最高硬度值低，淬硬性差；高碳钢淬火的最高硬度值高，淬硬性好。

T10、20CrMnTi、40Cr 三种钢的淬透性和淬硬性的比较见表 5-3。

表 5-3　几种常用钢的淬透性和淬硬性比较

钢	淬 透 性	淬 硬 性
T10	最低	最高
20CrMnTi	最高	最低
40Cr	较高	较高

说明

淬透性和淬硬性是两个不同的概念，不可混淆，淬硬性是指淬火后获得最高硬度的能力。

（6）淬透性和具体条件下具体零件的淬透层深度的区别　在同样的奥氏体化条件下，同一种钢的淬透性是相同的，但不能说同一种钢在水淬与油淬时的有效淬透层深度相同。钢的淬透层深度与钢的临界冷却速度、工件的截面尺寸和介质的冷却能力有关。同样条件下，钢的临界冷却速度越小，工件的淬透层深度越深；而钢的淬透性却不随工件的形状、尺寸和介质的冷却能力改变。

四、钢的回火

淬火后的工件处于不稳定的组织状态，工件的内应力也很大，性能表现为硬而脆，不能直接使用，否则工件会有断裂的危险。因此，淬火后的工件必须进行回火，有些工件还要求及时回火。

1. 淬火钢在回火时的组织转变

淬火后的钢组织为马氏体和少量的残留奥氏体，它们都是亚稳定组织，有自发转变为 F+Fe₃C 两相平衡组织的倾向。淬火后的钢随着加热温度的升高发生如下转变。

（1）马氏体分解　100℃以上回火时，马氏体中的碳开始以化学式为 $Fe_{2.4}C$ 的过渡型碳化物（称为 ε 碳化物）的形式析出，马氏体中碳的过饱和程度逐渐降低；到 350℃左右，α 相中碳的质量分数降到接近平衡成分，马氏体分解基本结束，但此时 α 相仍保持针状特征。这种由过饱和度较低的 α 相与极细的 ε 碳化物组成的组织，称为回火马氏体，其显微组织如图 5-31 所示。由于 ε 碳化物析出，晶格畸变降低，因此淬火应力有所减小，但硬度基本不降低。

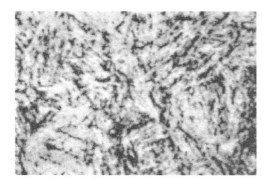

a) 光学显微组织　　　　　　　　　　　　　b) 电子显微组织

图 5-31　钢的回火马氏体

（2）残留奥氏体分解　残留奥氏体从 200℃开始分解，到 300℃左右基本结束，转变为下贝氏体。在此温度范围内，马氏体仍在继续分解，因而淬火应力进一步减小，但硬度无明显降低。

（3）碳化物转变　250℃以上回火时，ε 碳化物逐渐向稳定的渗碳体转变，到 400℃全部转变为高度弥散分布的极细小的粒状渗碳体。因 ε 碳化物不断析出，此时 α 相中碳的质量分数降到平衡成分，即实际上已转变成铁素体，但形态仍为针状，于是得到由针状铁素体和极细小粒状渗碳体组成的复相组织，称为回火托氏体，其显微组织如图 5-32 所示。此时，淬火应力基本消除，硬度降低。

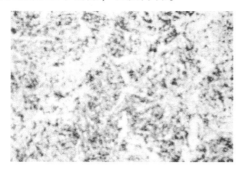
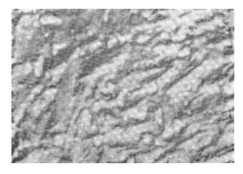

a) 光学显微组织　　　　　　　　　　　　　b) 电子显微组织

图 5-32　钢的回火托氏体

（4）渗碳体聚集长大和铁素体再结晶　在 400℃ 以上回火时，高度弥散分布的极细小粒状渗碳体逐渐转变为较大的粒状渗碳体，到 600℃ 以上时渗碳体迅速粗化。此外，在 450℃ 以上时，α 相发生再结晶，铁素体由针状转变为块状（多边形）。这种在多边形铁素体基体上分布着粗粒状渗碳体的复相组织，称为回火索氏体，其显微组织如图 5-33 所示。此时，淬火应力完全消除，但硬度明显下降。

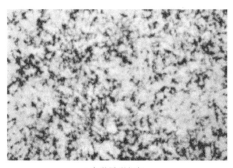

a) 光学显微组织　　　　　　　b) 电子显微组织

图 5-33　45 钢的回火索氏体

由以上四个阶段可知，淬火钢回火时的组织转变是在不同温度范围内进行的，但多半又是交叉重叠进行的，即在同一回火温度，可能进行几种不同的转变。淬火钢回火后的性能取决于组织变化，如图 5-34 所示，随着回火温度的升高，淬火钢的强度和硬度降低，而塑性和韧性提高。回火温度越高，其变化越明显。

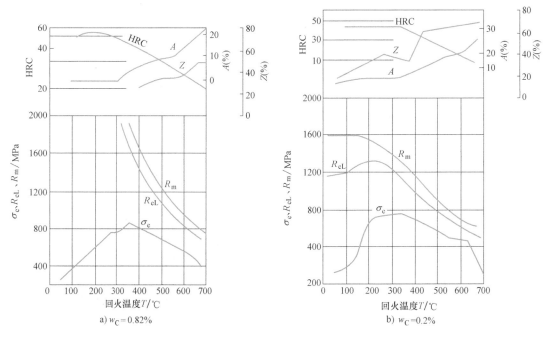

a) $w_C = 0.82\%$　　　　　　　b) $w_C = 0.2\%$

图 5-34　淬火钢回火后的力学性能与回火温度的关系

2. 淬火钢回火的目的

1）调整淬火钢的组织与性能，获得工件的使用性能。

2）稳定工件的尺寸，以保证工件在使用过程中不发生尺寸和形状变化。

3）降低淬火钢的脆性，减少或消除内应力，防止工件变形和开裂。

3. 回火的种类及应用

按回火温度的不同，可将回火分为低温回火、中温回火和高温回火三种类型。

（1）低温回火（150~250℃）　回火后组织为回火马氏体。其目的是减小淬火应力和脆性，保持淬火后的高硬度（58~64HRC）和耐磨性。低温回火主要用于刀具、量具、模具、滚动轴承、渗碳表面淬火的零件。

（2）中温回火（350~500℃）　回火后组织为回火托氏体。其目的是获得高的弹性极限、屈服强度和较好的韧性。经中温回火后，钢的硬度一般为35~50HRC。中温回火主要用于各种弹簧、锻模等。

（3）高温回火（500~650℃）　回火后的组织为回火索氏体。其目的是获得强度、塑性、韧性都较好的综合力学性能。经高温回火后，钢的硬度一般为200~350HBW。高温回火广泛用于各种重要结构件（如轴、齿轮、连杆、螺栓等），也可作为某些精密零件的预备热处理。

> **说明**
>
> 淬火钢经高温回火后，工件可获得良好的综合力学性能，不仅强度高，而且有较好的塑性和韧性，因此重要的、受力复杂的零件一般均采用淬火加高温回火的热处理工艺。

钢件淬火加高温回火的复合热处理工艺，称为调质。钢件经调质后的硬度与正火后的硬度相近，但塑性和韧性明显高于正火后的塑性和韧性。

4. 回火脆性

回火温度升高时，钢的冲击吸收能量变化规律如图 5-35 所示。由图可见，在 250~350℃ 和 500~650℃ 两个温度区间冲击吸收能量显著降低，也就是脆性增加，这种脆化现象称为回火脆性。

（1）低温回火脆性　也称第一类回火脆性，是指在 250~350℃ 回火时出现的脆性。几乎所有的工业用钢都有这类脆性。这类脆性的产生与冷却速度无关，为避免这类回火脆性，一般不在此温度回火。

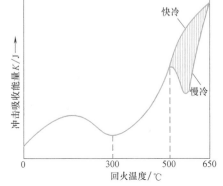

图 5-35　回火温度与合金钢冲击吸收能量的关系

（2）高温回火脆性　也称第二类回火脆性，是指在 500~650℃ 回火时出现的脆性。这类回火脆性具有可逆性，即将已产生此类回火脆性的钢重新加热至 650℃ 以上后快冷，脆性即可消失；回火保温后缓冷，则脆性再次出现。这类回火脆性主要发生在含有 Cr、Ni、Si、Mn 等合金元素的结构钢中。通常情况下，尽量减少钢中杂质元素的含量或采用含 W、Mo 等的合金钢可防止第二类回火脆性的产生。

五、钢的表面热处理

表面热处理是指为改变工件表面的组织和性能，仅对工件表层进行的热处理工艺。钢的表面淬火是将工件表面快速加热到淬火温度，然后迅速冷却，使工件表面得到一定深度的淬硬层，而心部仍保持未淬火状态的组织的热处理工艺。图 5-36 所示为表面热处理的齿轮和

a) 齿轮表面热处理

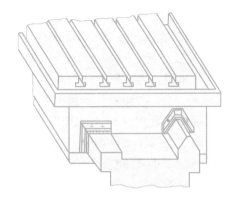

b) 机床导轨表面热处理

图 5-36　表面热处理的零件

机床导轨。常用的表面热处理方法有感应淬火、火焰淬火等。

1. 感应淬火

感应淬火是指利用感应电流通过工件表面感应巨大涡流所产生的热量，使工件表层、局部或整体加热并快速冷却的淬火工艺。其基本原理如图 5-37 所示。

将工件放在一个由铜管制成的感应器内，感应器中通入一定频率的交流电，在感应器周围将产生一个频率相同的交变磁场，于是工件内就会产生同频率的感应电流，这个电流在工件内形成回路，称为涡流。此涡流能使电能变为热能，从而加热工件。涡流在工件内的分布是不均匀的，表面密度大，心部密度小。通入感应器的电流频率越高，涡流集中的表层越薄，这种现象称为集肤效应。由于集肤效应，工件表面迅速被加热到淬火温度，随后喷水冷却，工件表面被淬硬。

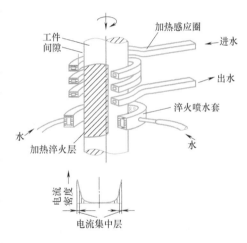

图 5-37　感应淬火

（1）感应淬火频率的选用　在生产中，应根据对零件表面有效淬硬层深度的要求，选择合适的频率。

1）高频感应淬火的常用频率为 200～300kHz，淬硬层深度为 0.5～2mm，主要用于要求淬硬层较薄的中、小模数齿轮和中、小尺寸轴类零件等。

2）中频感应淬火的常用频率为 2500～8000Hz，淬硬层深度为 2～10mm，主要用于大、中模数齿轮和较大直径的轴类零件。

3）工频感应淬火的电流频率为 50Hz，淬硬层深度为 10～20mm，主要用于大直径零件（如轧辊、火车车轮等）的表面淬火和直径较大钢件的穿透加热。

4）超音频感应淬火的电流频率一般为 20～40kHz，它兼有高、中频加热的优点，淬硬层深度略高于高频，而且沿零件轮廓均匀分布。因此，它对用高、中频感应加热难以实现表面淬火的零件有着重要作用，适用于中、小模数齿轮，花键轴，链轮等。

（2）感应淬火加热的特点　与普通加热淬火相比，感应淬火加热有以下特点。

1）感应加热速度极快，一般只需要几秒至几十秒就可以达到淬火温度。

2）工件表层可获得极细小的马氏体组织，使工件表层具有比普通淬火稍高的硬度（高2~3HRC）和疲劳强度，且脆性较低。

3）工件表面质量好。由于快速加热，工件表面不易氧化、脱碳，且淬火时工件变形小。

4）生产率高，便于实现机械化、自动化，淬硬层深度也易控制。

上述特点使感应淬火得到广泛应用，但其缺点是工艺设备较贵，维修调整困难，不易处理形状复杂的零件。

感应淬火最适宜的钢种是中碳钢（如40钢、45钢）和中碳合金钢（如40Cr、40MnB等），也可用于高碳工具钢、含合金元素较少的合金工具钢及铸铁等，详见表5-4。

一般在表面淬火前应对工件进行正火或调质处理，以保证心部有良好的力学性能，并为表层加热做组织准备。表面淬火后应进行低温回火，以降低淬火应力和脆性。

表5-4　常用钢及铸铁的感应淬火

类别	钢的牌号	应用
优质碳素结构钢	35,40,45,50	模数较少、负荷轻的机床传动齿轮及轴类零件
碳素工具钢	T8,T10,T12	锉刀、剪刀、量具
合金结构钢	40Cr、45Cr、40MnB、45MnB	中等模数、负载较轻的机床齿轮和要求强度较高的传动轴
合金结构钢	30CrMo、42CrMo、42SiMn	模数较大、负载较大的齿轮与轴类
合金结构钢	55Ti、60Ti(低淬透性钢)	用于载荷不大、模数 $m=4\sim8mm$ 齿轮的仿形硬化
合金工具钢	5CrMnMo、5CrNiMo	负荷大的零件
合金工具钢	GCr15、9SiCr	工具、量具，直径<100mm 的小型冷轧辊
合金工具钢	9Mn2V	精密丝杠、磨床主轴
合金工具钢	9Cr2、9Cr2Mo	高冷硬轧辊
渗碳钢	20Cr、18CrMnTi、20CrMnMoVB	用于汽车、拖拉机上的负载大、高耐磨性的传动齿轮
铸铁	灰铸铁	机床导轨、气缸套
铸铁	球墨铸铁、合金球墨铸铁	曲轴、机床主轴、凸轮轴
铸铁	可锻铸铁	农机零件

2. 火焰淬火

将高温火焰喷向工件表面，使其迅速加热到淬火温度，然后以一定的淬火冷却介质喷射于加热表面或将工件浸入冷却介质中进行冷却的淬火工艺，称为火焰淬火。火焰淬火常采用氧乙炔或氧煤气等火焰加热工件表面，如图5-38所示。

火焰淬火的缺点是生产率低，工件表面容易产生过热，淬硬层的均匀

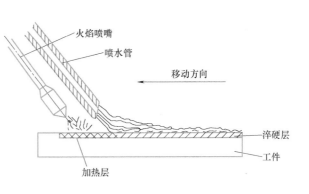

图5-38　火焰淬火示意图

性远不如感应淬火，工件表面淬火质量也比较难控制。

六、钢的化学热处理

1. 化学热处理的目的和应用

化学热处理是指将工件置于适当的活性介质中加热、保温，使一种或几种元素渗入其表层，以改变表层化学成分、组织和性能的热处理工艺。化学热处理可使钢件表面具有高的硬度、耐磨性及疲劳强度，而钢件心部具有一定的强度和较高的韧性。

化学热处理的基本过程是：①活性介质在一定温度下通过化学反应进行分解，形成渗入元素的活性原子；②活性原子被工件表面吸收，即活性原子溶入铁的晶格中形成固溶体或与钢中的某种元素形成化合物；③被吸收的活性原子由工件表面逐渐向内部扩散，形成一定深度的渗层。

目前常用的化学热处理工艺有渗碳、渗氮、碳氮共渗等。

2. 渗碳方法

渗碳是指将工件放入渗碳介质中，并在 900~950℃ 的温度下加热、保温，以提高工件表层碳的质量分数并在其中形成一定的碳的质量分数梯度的化学热处理工艺。其目的是使工件表面具有高的硬度和耐磨性，而心部仍保持一定的强度和较高的韧性。齿轮、活塞销等零件常采用渗碳处理。

根据渗碳介质的物理状态不同，渗碳的方法分为固体渗碳、气体渗碳、真空渗碳和液体渗碳等，如图 5-39 和图 5-40 所示。

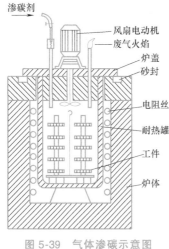

图 5-39　气体渗碳示意图

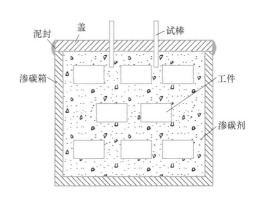

图 5-40　固体渗碳示意图

渗碳用钢为低碳钢和低碳合金钢，碳的质量分数一般为 0.1%~0.25%。碳的质量分数的提高，将降低工件心部的韧性。

3. 渗碳件的技术要求

（1）渗碳层中碳的质量分数和深度　工件渗碳后，表层中碳的质量分数通常为 0.85%~1.05%。渗碳件缓冷后，表层为过共析组织，与其相邻的区域为共析组织，再向内部为亚共析组织的过渡层，心部为原低碳钢组织。

一般规定，从渗碳工件表面向内部至碳的质量分数为规定值处（一般 $w_C = 0.4\%$）的垂直距离为渗碳层深度。工件的渗碳层深度取决于工件的尺寸和工作条件，一般为 0.5~2.5mm。

（2）渗碳件的热处理　工件渗碳后必须进行适当的热处理，即淬火及低温回火，才能达到性能要求。渗碳件的热处理方法有直接淬火、一次淬火和二次淬火三种，如图 5-41 所示。

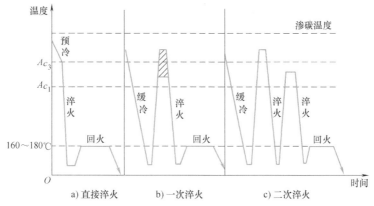

图 5-41　渗碳件常用的热处理方法

1）直接淬火法：先将渗碳件自渗碳温度预冷至某一温度（一般为 850~880℃），之后立即淬入水或油中，然后再进行低温回火。预冷是为了减少淬火应力和变形。直接淬火法操作简便，不需要重新加热，生产率高，成本低，脱碳倾向小。但由于渗碳温度高，奥氏体晶粒易长大，淬火后马氏体粗大，残留奥氏体也较多，因此工件的耐磨性较低，变形较大。此法适用于本质细晶粒钢或受力不大、耐磨性要求不高的零件。

2）一次淬火法：工件渗碳后出炉缓冷，再重新加热进行淬火、低温回火。由于工件在重新加热时奥氏体晶粒得到细化，因而可提高钢的力学性能。此法应用比较广泛。

3）二次淬火法：第一次淬火是为了改善心部组织和消除网状二次渗碳体，加热温度为 Ac_3 线以上 30~50℃；第二次淬火是为了细化工件表层组织，获得细针状马氏体和均匀分布的粒状二次渗碳体，加热温度为 Ac_1 线以上 30~50℃。二次淬火法工艺复杂，生产周期长、成本高、变形大，只适用于表面耐磨性和心部韧性要求高的零件或本质粗晶粒钢。

> **说明**
>
> 渗碳只改变工件表面的化学成分，目的是使工件表层具有高硬度和高耐磨性，而心部具有足够的强度与良好的韧性。渗碳后的工件必须进行淬火和低温回火。一些承受冲击的耐磨零件，如轴、凸轮、活塞销等，大都进行渗碳处理；但在高温下工作的耐磨件不宜采用渗碳处理。

渗碳件淬火后应进行低温回火（一般 150~200℃）。直接淬火和一次淬火经低温回火后，表层组织为回火马氏体和少量渗碳体；二次淬火经低温回火后，表层组织为回火马氏体和粒状渗碳体。渗碳、淬火及回火后的表面硬度均为 58~64HRC，耐磨性好；心部组织的硬度取决于钢的淬透性，对于低碳钢，心部组织一般为铁素体和珠光体，硬度为 137~183HBW，对于低碳合金钢，心部组织一般为回火低碳马氏体、铁素体和托氏体，硬度为 35~45HRC，并具有较高的强度、韧性和一定的塑性。

4. 钢的渗氮

钢的渗氮指在一定温度下（一般在 Ac_1 线以下），使活性氮原子渗入钢件表面的化学热处理工艺。其目的是使工件表面获得高硬度、高耐磨性、高疲劳强度、高热硬性和良好的耐蚀性。因渗氮温度低，变形小，故应用广泛。常用的渗氮方法有气体渗氮和离子渗氮。

（1）气体渗氮　是指利用氨气在加热时分解产生的活性氮原子渗入工件表面形成渗氮层，同时向心部扩散的热处理工艺。常用方法是将工件放入通有氨气的井式渗氮炉中，加热到 500~570℃，使氨气分解出活性氮原子，活性氮原子被工件表面吸收，并向内部逐渐扩散形成渗氮层。

应用最广泛的渗氮用钢是 38CrMoAl，由于钢中 Cr、Mo、Al 等元素在渗氮过程中形成高度弥散且硬度很高的稳定氮化物（CrN、MoN、AlN），使渗氮后的工件表面有很高的硬度（1000~1200HV，相当于 72HRC）和耐磨性，因此渗氮后不需再进行淬火，且在 600℃ 左右时，硬度无明显下降，热硬性高。

渗氮前零件须经调质处理，以保证心部的强度和韧性。对于形状复杂或精度要求较高的零件，在渗氮前及精加工后还要进行消除应力退火，以减少渗氮时的变形。

渗氮主要用于耐磨性和精度要求很高的精密零件或承受交变载荷的重要零件，以及要求耐热、耐蚀、耐磨的零件，如精密机床的主轴、蜗杆、发动机曲轴、高速精密齿轮等。但由于渗氮温度低，时间长，一般需要 30~60h 才能获得 0.2~0.5mm 的渗氮层，因此限制了它的应用。

（2）离子渗氮　是一种较先进的工艺，是指在低真空的容器内，保持氮气的压强为 133.32~1333.32Pa，在 400~700V 的直流电压作用下，迫使电离后的氮离子高速冲击工件（阴极），被工件表面吸收，并逐渐向内部扩散形成渗氮层。

离子渗氮的特点是渗氮速度快，时间短（仅为气体渗氮时的 1/5~1/2），渗氮层质量好，对材料的适应性强。

目前离子渗氮已广泛应用于机床零件（如主轴、精密丝杠、传动齿轮等）、汽车发动机零件（如活塞销、曲轴等）等。但对于形状复杂或截面相差悬殊的零件，渗氮后很难同时得到相同的硬度和渗氮层深度。

（3）碳氮共渗　是指在工件表面同时渗入碳和氮，并以渗碳为主的化学热处理工艺。其主要目的是提高工件表面的硬度和耐磨性。常用的方法是气体碳氮共渗。

碳氮共渗后要进行淬火和低温回火。共渗层表面组织为回火马氏体、粒状碳氮化合物和少量残留奥氏体，共渗层深度一般为 0.3~0.8mm。气体碳氮共渗用钢，大多为低碳或中碳的碳钢、低合金钢及合金钢。

单元五　典型零件热处理工艺分析

一、钳工用扁锉热处理工艺

扁锉是钳工常用的工具，用于锉削其他金属，采用 T12 钢制造。其表面刃部要求硬度为

64~67HRC，柄部要求硬度小于 35HRC。其制造工艺为：

热轧钢板（带）下料→锻（轧）柄部正火→球化退火→机加工→淬火+低温回火。

T12 钢锻造后正火的加热温度为 870℃，保温 1h 后空冷，主要目的是消除组织中的二次渗碳体，以保证球化退火的质量。球化退火的目的是使组织中的片状渗碳体球粒化，获得球状珠光体，以降低钢的硬度，提高其塑性，改善可加工性，并为淬火及回火做准备，使最终组织中含有细小的碳化物颗粒，提高钢的耐磨性。

采用等温球化退火工艺的工艺参数为：加热至 770℃，保温 4h，然后炉冷至 700℃ 再保温 4h，最后炉冷至 550℃ 出炉，处理后组织为球状珠光体，硬度为 180~200HBW。

二、汽车变速齿轮热处理工艺

汽车变速齿轮主要用于传递动力、改变方向或速度，其受力情况较为复杂。加工齿轮的技术要求是齿面具有高的硬度、疲劳强度和耐磨损性能，齿轮根部及齿轮具有高的强度和韧性。

某汽车变速齿轮采用 20CrMnTi 钢制造，要求心部具有较高的韧性，而表面具有较高的硬度和耐磨性。其制造工艺为：

下料→锻造成圆饼→正火→精车并粗铣成形→精铣齿轮→渗碳→淬火+低温回火→研磨。其热处理工艺曲线如图 5-42 所示。

三、车床主轴热处理工艺

在机床、汽车制造业中，轴类零件是用量很大且相当重要的结构件之一。由于轴类零件常承受交变应力的作用，因此要求其具有较高的综合力学性能，承受摩擦的部位还要求有足够的硬度和耐磨性。轴类零件大多经切削加工制成，为兼顾切削加工性能

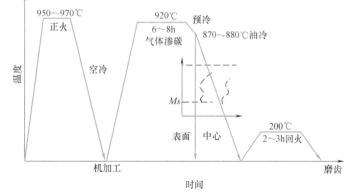

图 5-42 20CrMnTi 钢制造齿轮热处理工艺曲线

和使用性能要求，必须制订出合理的冷、热加工工艺。下面以车床主轴为例进行加工工艺过程分析。

（1）车床主轴的性能要求 图 5-43 所示为车床主轴零件图，材料为 45 钢。热处理技术条件如下。

1）整体调质后的硬度为 220~250HBW。

2）内锥孔和外锥面的硬度为 45~50HRC。

3）花键部分的硬度为 48~53HRC。

（2）工作条件及工作要求

1）承受载荷，传递动力——要求综合力学性能好。

2）承受交变弯曲应力、扭转应力——要求疲劳强度高。

3）承受冲击、振动（有时过载）——要求韧性强。

4）高速旋转、承受较大摩擦——要求较高的硬度和耐磨性，刚度好。

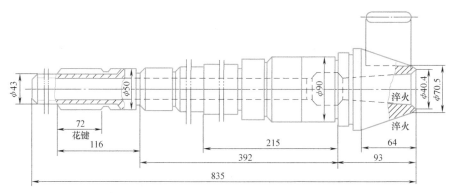

图 5-43　车床主轴

（3）车床主轴工艺过程　生产中车床主轴的工艺过程为：备料→锻造→正火→粗加工→调质→半精加工→局部（内锥孔、外锥面）淬火+低温回火→粗磨（外圆、内锥孔、外锥面）→滚铣花键→花键淬火、回火→精磨。

其中正火、调质为预备热处理；内锥孔及外锥面的局部淬火、回火，花键的淬火、回火属最终热处理，它们的作用和热处理工艺分析如下。

1）正火。正火是为了改善锻造组织，降低硬度（170~230HBW），改善切削加工性能，也为调质处理做准备。

正火工艺：加热温度为 840~870℃，保温 1~1.5h，保温后出炉空冷。

2）调质。调质是为了使主轴得到较高的综合力学性能和抗疲劳强度。经淬火和高温回火后硬度为 200~230HBW。调质工艺如下。

① 淬火加热：用井式电阻炉吊挂加热，加热温度为 830~860℃，保温 20~25min。

② 淬火冷却：将经保温后的工件淬入 15~35℃水中，停留 1~2min 后空冷。

③ 回火：将淬火后的工件装入井式电阻炉中，加热至（550±10）℃，保温 1~1.5h 后，工件出炉并浸入水中快冷。

3）内锥孔、外锥面及花键部分淬火和回火。此工艺是为了获得所需的硬度。

内锥孔和外锥面部分表面淬火时，可放入经脱氧校正的盐浴中快速加热，在 970~1050℃温度下保温 1.5~2.5min 后，将工件取出并淬入水中；淬火后在 260~300℃温度下保温 1~3h（回火），获得的硬度为 45~50HRC。

花键部分可采用高频淬火，淬火后经 240~260℃回火，获得的硬度为 48~53HRC。

为减少变形，内锥孔、外锥面的淬火与花键淬火分开进行。先对锥部淬火及回火，再进行粗磨，以消除淬火变形；而后再滚铣花键并对花键淬火；最后以精磨来消除总变形，从而保证工件质量。

（4）车床主轴热处理注意事项

1）淬入冷却介质时应将主轴垂直浸入，并可做上下垂直窜动。

2）淬火加热过程中应垂直吊挂，以防工件在加热过程中产生变形。

3）在盐浴炉中加热时，盐浴应经脱氧校正。

【小结】

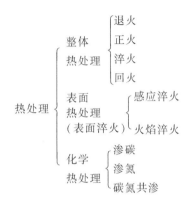

1. **热处理分类**

2. **热处理方法**（表 5-5）

表 5-5　各种热处理方法的区别和应用

工艺	目 的	加热温度	组 织
退火	调整硬度,便于切削加工 细化晶粒,为最终热处理做组织准备	亚共析钢 $Ac_3+30\sim50℃$ 共析钢 $Ac_1+30\sim50℃$ 过共析钢 $Ac_1+30\sim50℃$	F+P P $P_{球}$
正火	低、中碳钢:同退火 过共析钢:消除网状二次渗碳体 普通件:最终热处理	亚共析钢 $Ac_3+30\sim50℃$ 共析钢 $Ac_1+30\sim50℃$ 过共析钢 $Ac_{cm}+30\sim50℃$	$w_C<0.6\%$,F+S $w_C\geqslant0.6\%$,S S S
淬火	获得马氏体组织	亚共析钢 $Ac_3+30\sim50℃$ 共析钢 $Ac_1+30\sim50℃$ 过共析钢 $Ac_1+30\sim50℃$	$w_C\leqslant0.5\%$,M $w_C>0.5\%$,M+A' M+A' M+A'+粒状 Fe_3C

【综合训练】

一、判断题

1. 钢的淬火冷却速度越快，所获得的硬度越高，淬透性也越好。（　　）

2. 钢中合金元素越多，淬火后的硬度越高。（　　）

3. 淬透性好的钢，淬火后硬度一定高。（　　）

4. 淬火后的钢，回火时随温度的变化组织会发生不同的转变。（　　）

5. 下贝氏体是热处理后一种比较理想的组织。（　　　）

6. 马氏体组织是一种非稳定的组织。（　　　）

7. A_1 线以下仍未转变的奥氏体称为残留奥氏体。（　　　）

8. 正火工件出炉后，可以堆积在潮湿处空冷。（　　　）

9. 钢的淬火温度越高，得到的硬度越高而韧性越低。（　　　）

二、名词解释

1. 索氏体　2. 托氏体　3. 贝氏体　4. 马氏体　5. 过冷奥氏体　6. 残留奥氏体　7. 退火　8. 正火　9. 淬火　10. 回火　11. 表面淬火　12. 淬透性　13. 淬硬性

三、简答题

1. 什么是钢的热处理？常用的热处理工艺有哪些？

2. 什么是钢的回火脆性？生产中如何防止回火脆性？

3. 进行调质处理的目的是什么？

4. 生产中常用的退火方法有哪几种？各适用于什么场合？

5. 什么是表面热处理？表面淬火的目的是什么？常用的表面淬火方法有哪几种？

6. 渗碳和渗氮的主要目的是什么？

四、确定下列钢件的退火方法，并指出退火的目的及退火后的组织。

1. 经冷轧后的 15 钢钢板，要求降低硬度。

2. ZG270-500（ZG35）制铸造齿轮。

3. 锻造过热后的 60 钢锻坯。

4. 具有片状渗碳体的 T12 钢坯。

模块六
CHAPTER 6

金属的塑性变形与再结晶

【学习目标】

1. 知识目标

1）了解金属塑性变形的实质及冷塑性变形对金属组织和性能的影响。

2）掌握冷塑性变形金属在加热时组织和性能的变化。

3）掌握热加工对金属组织和性能的影响。

2. 技能目标

1）能够分析冷塑性变形金属在加热时组织和性能的变化。

2）能够分析热加工对金属组织性能的影响。

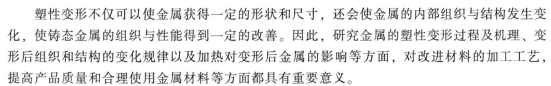

单元一　金属材料的塑性变形

　　塑性变形不仅可以使金属获得一定的形状和尺寸，还会使金属的内部组织与结构发生变化，使铸态金属的组织与性能得到一定的改善。因此，研究金属的塑性变形过程及机理、变形后组织和结构的变化规律以及加热对变形后金属的影响等方面，对改进材料的加工工艺，提高产品质量和合理使用金属材料等方面都具有重要意义。

　　金属的塑性变形可以分为三个连续阶段：弹性变形阶段、塑性变形阶段和断裂阶段。现以单晶体为对象进行分析。

一、单晶体的塑性变形

　　晶体只有在切应力作用下才会发生塑性变形。实验证明，金属单晶体的塑性变形主要有两种形式，即滑移和孪生。

1. 滑移

　　（1）滑移带和滑移线　将表面经过抛光的纯金属试样进行拉伸，当产生一定的塑性变形后，用电子显微镜观察，可以看到表面有许多相互平行的线条，称为滑移带。图 6-1 所示为铜变形后的滑移带。滑移带是由许多密集且相互平行的滑移线和晶体表面产生的一个个滑移台阶构成的，如图 6-2 所示。

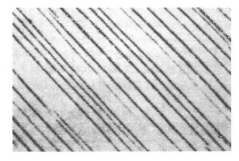

图 6-1　铜变形后的滑移带

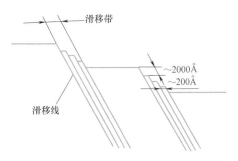

图 6-2　滑移带与滑移线示意图

室温下金属单晶体的塑性变形的主要方式是滑移。在切应力作用下，晶体的一部分相对于另一部分沿着某一晶面产生滑动的现象称为滑移。图 6-3 所示为单晶体在切应力的作用下产生滑移的变形过程。单晶体在不受外力的作用时保持平衡状态，未产生形变，如图 6-3a 所示；当切应力较小时，晶格发生弹性变形，如图 6-3b 所示；随着切应力逐渐增大，晶面两侧的晶体会产生相对滑移，如图 6-3c 所示；滑移的距离为原子间距的整数倍，滑移后的原子在新的位置上处于平衡状态，即使去除外力，处于新平衡状态下的原子也不能回到原始位置，因此产生了塑性变形，如图 6-3d 所示。

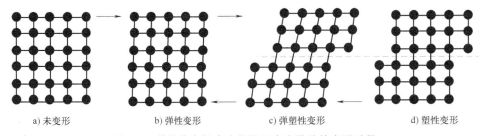

a) 未变形　　　　　　b) 弹性变形　　　　　　c) 弹塑性变形　　　　　　d) 塑性变形

图 6-3　单晶体在切应力作用下产生滑移的变形过程

（2）滑移系　一般情况下，在各种晶体中，滑移并不是沿任意的晶向发生的，通常是沿晶体中一定的晶面和该晶面上一定的晶向发生的，这些能够产生滑移的晶面和晶向，分别称为滑移面和滑移方向。滑移面是原子排列最紧密的晶面，滑移方向是在最紧密的晶面上原子排列最紧密的方向。这是因为最紧密晶面间的面间距和最紧密晶向间的原子间距最大，原子结合力最弱，故在较小的切应力作用下便能引起它们之间的相对滑移。

一个滑移面与其上的一个滑移方向组成一个滑移系。图 6-4 所示为三种常见金属晶格的主要滑移面和滑移方向。

由图可见，体心立方晶格中的主要滑移面是 {110} 晶面，晶格中与 {110} 晶面上原子排列相同但空间位向不同的晶面共有六个。{110} 晶面上的滑移方向共有两个，所以体心立方晶格共有 6×2 = 12 个滑移系。面心立方晶格的滑移面是 {111} 晶面，晶格中与 {111} 晶面上原子排列相同但位向不同的晶面共有四个。{111} 晶面上的滑移方向共有三个，所以面心立方晶格共有 4×3 = 12 个滑移系。密排六方晶格的滑移面是晶格的底面，而在该面上的滑移方向有三个，所以密排六方晶格共有 1×3 = 3 个滑移系。滑移系个数越多，说

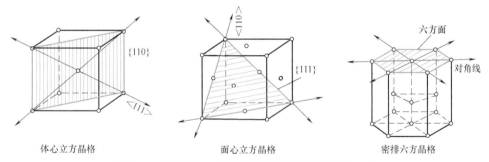

图 6-4　三种常见金属晶格的主要滑移面和滑移方向

明该金属的塑性越好。

（3）滑移时的晶体转动　晶体发生塑性变形时，往往伴随取向的改变，当晶体在拉应力作用下产生滑移时，还伴随着晶体的转动。图 6-5 所示为拉伸时晶体转动的示意图。晶体受拉伸产生滑移时，若不受夹头限制，则晶体的轴线将逐渐偏移，使试样两端不在同一轴线上，如图 6-5b 所示。欲使滑移面的滑移方向保持不变，拉伸轴线方向必须不断变化。但实际上夹头固定不动，即拉伸轴线方向不变，此时晶体必须不断发生转动，使滑移系逐渐趋向与拉伸轴线平行，致使滑移面的法线与拉伸轴线的夹角增大，如图 6-5c 所示。

（4）滑移机理　当晶体的一部分相对于晶体的另一部分沿滑移面做整体滑动，即滑移面上每一个原子都同时移到与其相邻的另一个平衡位置上，这种滑移称为刚性滑移。由于实际晶体中存在位错，滑移不是按刚性滑移进行的，而是由位错移动实现的，如图 6-6 所示。具有位错的晶体，在切应力的作用下，位错线上面的原子向右移至空心圈位置；位错线下面的原子向左移至空心圈位置，这样使位错向右移动一个原子的间距。在切应力作用下，位错线继续向右移至晶体表面时，就形成了一个原子间距的滑移量，即产生了塑性变形，如图 6-7 所示。

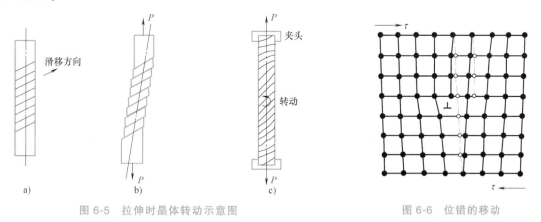

图 6-5　拉伸时晶体转动示意图　　　　　　　　　　图 6-6　位错的移动

2. 孪生

孪生是塑性变形的另一种重要形式，常作为滑移不易进行时的补充。它是指在切应力作用下，晶体的一部分相对于另一部分沿一定的晶面及晶向产生的均匀切变过程，总是沿晶体的一定的晶面（孪晶面）、一定的方向（孪生方向）发生，变形后晶体的变形部分与未变形部分以孪晶面为分界面构成镜面对称的位向关系，如图 6-8 所示。

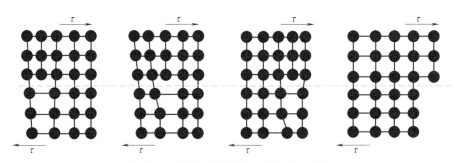

图 6-7 刃型位错移动产生滑移的示意图

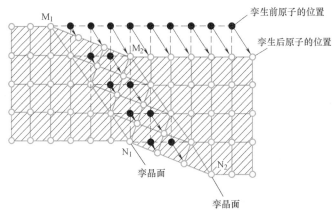

图 6-8 孪生过程示意图

一些密排六方的金属如 Cd、Zn、Mg 等常发生孪生变形。体心立方及面心立方结构的金属在形变温度很低，形变速度极快时，也会通过孪生方式发生塑性变形。在显微镜下一般呈带状，有时为透镜状。

孪生与滑移有如下差别。

1）孪生使一部分晶体发生了均匀切变，而滑移只集中在一些滑移面上进行。

2）孪生后晶体变形部分的位向发生了改变，而滑移后晶体各部分的位向均未改变。

3）与滑移类似，孪生也与晶体结构有关，但同一结构的孪晶面、孪生方向与滑移面、滑移方向可以不同。

4）孪生所需的切应力比滑移所需的大得多，故只有在滑移很难进行的条件下才发生孪生。例如六方晶格的金属因滑移系较少，就比较容易发生孪生变形；体心立方晶格的金属因滑移系较多，只有在低温或受到冲击时，才产生孪生变形；面心立方晶格的金属一般不发生孪生变形。

二、多晶体的塑性变形

1. 多晶体的塑性变形特点

实际使用的绝大多数金属材料都是多晶体。多晶体的塑性变形与单晶体的塑性变形既有相同之处，又有不同之处。相同之处是变形方式也是滑移和孪生。不同之处是多晶体的塑性变形受到晶界阻碍与位向不同晶粒的影响，变形更为复杂。

多晶体由位向不同的许多小晶粒组成，在外加应力作用下，处在有利位向的晶粒首先发生滑移，周围处在不利位向的晶粒的滑移系上的分切应力尚未达到临界值，所以未发生塑变，仍为弹性变形状态。当有晶粒塑变时，就意味着其滑移面上的位错源将不断产生位错，大量位错将沿滑移面运动，但由于四周晶粒位向不同，滑移系的位向也不同，运动着的位错不能越过晶界，如图 6-9 所示。

2. 晶粒大小对塑性变形的影响

1）多晶体中，由于晶界上原子排列不规则，阻碍了位错运动，使变形抗力增大。金属晶粒越细，单位体积所包含的晶界越多，其强化效果越好。这种通过细化晶粒来提高金属强度的方法称为细晶强化。

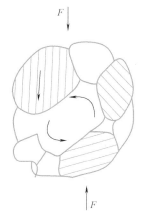

图 6-9　多晶体的塑性变形

2）多晶体的应力-应变曲线不具有典型单晶体的易滑移阶段。这是因为多晶体中各晶粒方位不同，各晶粒变形需要互相协调，至少有五个独立滑移系开动，一开始便是多滑移，故无易滑移阶段。此外，由于晶界的强化作用和多滑移过程中位错的相互干扰，多晶体的应力-应变曲线斜率，即加工硬化率，明显高于单晶体。

单元二　冷变形对金属组织和性能的影响

一、纤维组织的形成

当金属发生塑性变形时，随着外形的变化，金属内部各晶粒的形状也会发生相应的变化。图 6-10 所示为工业纯铁不同变形程度时的显微组织示意图。可以看出，随着变形程度的变化，晶粒的形状由原来的等轴晶粒（图 6-10a）变为沿变形方向延伸的晶粒，同时晶粒内部出现了滑移带，如图 6-10b 所示；当变形程度很大时，晶粒被拉长呈纤维状，如图 6-10c、d 所示。这种呈纤维状的组织称为冷变形加工纤维组织。形成纤维组织后，金属的性能有明显的方向性。例如纵向（沿纤维组织的方向）的强度和塑性比横向（垂直于纤维组织的方向）高得多。

二、加工硬化

塑性变形对金属性能的主要影响是产生加工硬化。在塑性变形过程中，随着变形程度的增加，金属的强度和硬度有所增加，而塑性和韧性有所降低，这一现象称为加工硬化或形变强化。

加工硬化在工程技术中具有重要的意义。首先，可以利用加工硬化来强化金属，提高金属的强度、硬度和耐磨性。特别是纯金属、某些铜合金、铬镍不锈钢和高锰钢等不能用热处理强化的材料，加工硬化几乎是唯一的强化方法。冶金厂出厂的"硬"或"半硬"状态供

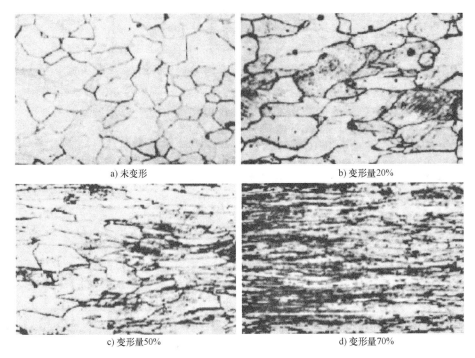

a) 未变形

b) 变形量20%

c) 变形量50%

d) 变形量70%

图 6-10　工业纯铁不同变形程度时的显微组织

应的某些金属材料，就是经过冷轧或冷拉等方法使之产生加工硬化的产品。

此外，加工硬化也是工件能够用塑性变形方法成形的重要因素。例如金属薄板在拉延过程中，在弯角处变形最严重。由于产生加工硬化，弯角处变形到一定程度后，随后的变形就转移到其他部分，这样便可得到厚薄均匀的冲压件。

加工硬化还可以在一定程度上提高构件在使用过程中的安全性。因为构件在使用过程中，会在某些部位（如孔、键槽、螺纹及截面过渡处）出现应力集中和过载现象。在这种情况下，由于金属存在加工硬化，局部过载部位在产生少量塑性变形后，屈服强度增大，并与所承受的应力达到平衡，使变形不再继续发展，从而在一定程度上提高了构件的安全性。

加工硬化也会给材料的生产和使用带来麻烦。因为金属冷变形到一定程度后，变形抗力增加，若想使金属发生进一步变形就必须加大设备功率，增加动力消耗。此外，金属经加工硬化后，塑性大为降低，继续变形就容易开裂。为消除这种硬化现象，以便继续进行冷变形加工，中间需要进行退火处理。

还需要指出的是，塑性变形还会使金属的物理性能和化学性能发生明显变化，例如导电性和耐蚀性下降等。

三、形变织构

金属冷塑性变形时，晶体要发生转动，使金属晶体中原为任意取向的各晶粒逐渐调整为取向彼此趋于一致，这就形成了晶体的择优取向，即为形变织构，如图 6-11 所示。

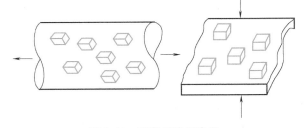

图 6-11　形变织构示意图

在多数情况下，形变织构的形成是不利的，因为它使金属的性能明显呈现各向异性。例如在深冲薄板杯状零件时，易产生"制耳"现象，使零件边沿不整齐，厚度不均匀。但是织构现象也有有利的一面，例如采用具有织构的硅钢片制作变压器铁心，可显著提高磁导率。

四、亚组织的细化

金属在塑性变形时，在晶粒形状发生变化的同时，晶粒内部存在的亚晶粒也会细化，形成变形亚组织，如图 6-12 所示。因为亚晶界是由刃型位错组成的小角度晶界，随着塑性变形程度的增大，变形亚组织逐步增多并细化，使亚晶界数量显著增多。亚晶界数量越多，位错密度越大。在亚晶界处大量堆积的位错，以及它们之间的相互干扰作用会使位错运动的阻力增大，使滑移困

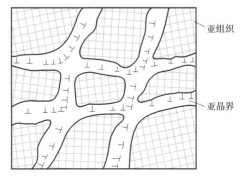

亚组织

亚晶界

图 6-12　变形亚组织示意图

难，从而增加了金属的塑性变形抗力。因此，冷塑性变形导致金属亚组织细化和位错密度增加是产生加工硬化的主要原因。变形程度越大，亚组织细化程度和位错密度也越高，加工硬化现象越显著。

五、残余应力

残余应力是指外力去除后，残留在金属内部的应力。产生残余应力的主要原因是金属在外力作用下，内部变形不均匀。残余应力是一种弹性应力，它在金属材料内部处于自平衡的状态。按照残余应力作用的范围，将其分为宏观残余应力、微观残余应力和晶格畸变应力三种类型。

1. 宏观残余应力（第一类内应力）

由金属各部分变形不均匀而产生的在宏观范围内自平衡的残余应力，称为宏观残余应力。如图 6-13 所示，金属杆产生弯曲变形时，其中性层外侧的金属被拉长，而中性层内侧的金属被压缩。由于金属要保持整体性，上层金属的伸长必然受到下层金属的阻碍，即下层金属对上层金属产生了附加压应力；反之，下层金属的缩短也必然受到上层金属的阻碍，即上层金属对下层金属产生了附加拉应力。这种附加压应力与附加拉应力存在于金属杆整体范围内，并相互平衡，属于宏观残余应力。

当宏观残余应力与工作应力方向一致时，会明显降低工件的承载能力。此外，在工件的加工和使用过程中，由于破坏了残余应力原先的自平衡状态，工件会发生形状与尺寸的变化。但生产中也常有意控制残余应力的分布，使其与工作应力方向相反，以提高构件的承载能力。

图 6-13　宏观残余应力示意图

2. 微观残余应力（第二类内应力）

由于多晶体中各晶粒位向不同，相邻各晶粒或亚晶粒间变形不均匀，从而产生相互平衡的残余应力，称为微观残余应力。

在总的残余应力中，微观残余应力占的比例不大，但其数值很高，可造成显微裂纹，甚至使工件破裂。同时，它又使晶体处于高能状态，导致金属易与周围物质发生化学反应而降低耐蚀性。因此，微观残余应力是金属产生应力腐蚀的重要因素。

3. 晶格畸变应力（第三类内应力）

金属在塑性变形后，增加了位错及空位等晶体缺陷，使晶体中的一部分原子偏离其平衡位置而造成晶格畸变，这种由晶格畸变而产生的残余应力称为晶格畸变应力。晶格畸变应力是塑性变形金属中最重要的残余应力。晶格畸变应力使金属的强度和硬度升高，塑性和耐蚀性下降，是变形金属强化的主要原因。

单元三　冷塑性变形金属在加热时的组织与性能变化

金属经塑性变形后，内能升高，处于不稳定状态，因而具有自发的恢复到原来平衡状态的趋势。将冷变形后的金属加热，原子的活动能力增大，将促进晶体从不稳定状态恢复到稳定状态。一般来说，随温度的升高，冷塑性变形金属的组织与性能变化要经历三个阶段，即回复、再结晶和晶粒长大，如图 6-14 所示。

一、回复

当加热温度较低时，冷变形金属的显微组织无明显变化，力学性能变化也不大，但是残余应力显著降低，物理性能和化学性能部分恢复到变形前的状态，这一阶段称为回复。

生产中常利用回复现象对冷塑性变形金属进行低温退火（或去应力退火），它既保留了加工硬化效果，又降低了内应力，稳定了组织。例如，弹簧钢丝冷卷后要进行一次 250～300℃ 的去应力退火，使其定型。

二、再结晶

1. 再结晶过程

将冷变形后的金属加热到一定温度后，在变形基体中重新生成无畸变的新晶粒的过程，称为再结晶。再结晶过程也是通过形核和长大方式进行的。随着加热温度的升高，原子的扩散能力增强，首先在晶格畸变严重的小晶粒中形核并生成无畸变的小晶块，随着小晶块的增多和长大，逐渐取代畸变严重的破碎晶粒，变成新的细小的等轴晶。再结晶只是改变了晶粒的外形以及因变形产生的某些晶体缺陷，并没有改变晶粒的晶格类型，因此，新旧晶粒的晶格类型完全相同，再结晶不是一个相变的过程。

2. 再结晶温度

再结晶过程不是一个恒温过程，而是在一定的温度范围内进行的。再结晶温度是指再结晶开始的温度（即发生再结晶所需的最低温度），再结晶温度与变形程度有关。金属预先变形量越大，晶体缺陷越多，组织就越不稳定，其再结晶温度越低，如图6-15所示。

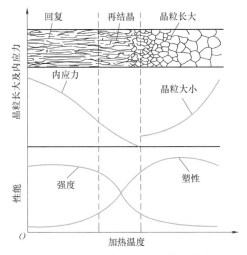

图6-14　变形金属加热时组织和性能变化示意图

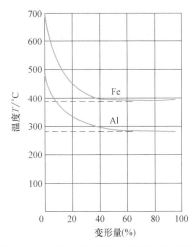

图6-15　金属再结晶温度与变形量的关系

变形程度达到70%以上的金属，在保温1h内完成再结晶过程的最低温度，称为再结晶温度（$T_{再}$）。大量实验表明，各种纯金属的再结晶温度与其熔点（$T_{熔}$）之间的关系为

$$T_{再} \approx 0.4T_{熔}$$

金属的熔点温度越高，其再结晶温度越高。工业合金钢的再结晶温度大约为

$$T_{再} \approx (0.5 \sim 0.7)T_{熔}$$

3. 影响再结晶后晶粒大小的因素

（1）变形　变形量很小时，储存能量少，不足以发生再结晶，故退火后晶粒尺寸不变。能发生再结晶的最小变形量通常在2%～8%范围内，此时驱动力小，形核率低，变形不均匀，再结晶使晶粒大小相差悬殊，晶粒容易相互吞并长大，因而再结晶后晶粒特别粗大。这种产生异常粗大晶粒的变形量，称为"临界变形量"。超过临界变形量后，随着变形量的增加，储存能也相应增加，从而使再结晶驱动力增加，导致形核率N与长大率G同时增加，但由于N增加的速度大于G，故使再结晶后的晶粒得到细化。

（2）退火温度　提高退火温度，不仅使再结晶的晶粒长大，而且使临界变形量变小。临界变形量越小，再结晶后的晶粒越粗大。

（3）原始晶粒尺寸　原始晶粒越细，变形抗力越大，冷变形后储存能量越多。其再结晶温度越低，再结晶后的晶粒也越细小。

（4）杂质与合金元素　杂质及合金元素渗入基体后能阻碍晶界运动，可抑制晶粒长大。

三、晶粒长大

冷变形金属在完成再结晶后继续加热，会发生晶粒长大。晶粒长大又可分为正常长大和异常长大（二次再结晶）两种类型。

1. 晶粒的正常长大

再结晶刚刚完成，得到细小的无畸变等轴晶粒，当温度升高或保温时间延长时，晶粒仍可继续长大，若晶粒均匀地连续生长，则称为正常长大。

由于晶粒长大可使晶界减少，晶界表面能量降低，使组织处于更为稳定的状态，因此晶粒长大是一个自发过程。晶粒长大的过程实质上是一个晶粒的边界向另一个晶粒中迁移，把另一个晶粒中晶格的位向逐步改变成为与这个晶粒相同的位向，于是另一个晶粒便逐步地被这个晶粒"吞并"而合成一个大晶粒，如图6-16所示。

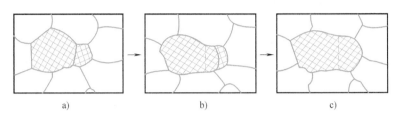

a)   b)   c)

图 6-16　金属再结晶后晶粒长大示意图

2. 晶粒的异常长大

晶粒的异常长大又称为不连续晶粒长大或二次再结晶，是一种特殊的晶粒长大现象。当正常晶粒长大过程被强烈阻碍时，将发生异常长大。由于能够长大的晶粒数目较少，致使晶粒大小相差悬殊。晶粒尺寸差别越大，大晶粒吞食小晶粒的条件越有利，大晶粒的长大速度也会越来越快，最后形成晶粒大小极不均匀的组织，从而降低材料的强度与塑性。因此在制订冷变形材料再结晶退火工艺时，应注意避免发生二次再结晶。

单元四　金属的热塑性变形与冷塑性变形

一、金属的热加工与冷加工的区别

金属在再结晶温度以上进行的塑性变形加工称为热加工，在再结晶温度以下的塑性变形加工称为冷加工。

由于金属在高温下强度低，塑性好，因此在高温下对金属进行变形加工要比在低温下容易得多。在工业生产中，除了一些铸件和烧结件之外，几乎所有的金属都是在加热和高温后加工完成的。热加工过程中，在金属内部同时进行着加工硬化与回复-再结晶-软化两个相反的过程。

金属材料热加工的特征是在变形过程中产生变形晶粒及加工硬化，而这种加工硬化现象被同时进行着的再结晶过程消除，因此金属将不再显示加工硬化效应。例如，钢在热轧时处于单相奥氏体状态，其轧制前、后的组织变化如图6-17所示。

金属材料冷加工后的晶粒被拉长，由于在变形过程中不发生再结晶，金属将保留加工硬化效应。

二、热加工对钢的组织及性能的影响

1. 消除铸态金属的某些缺陷并提高力学性能

通过热加工，金属铸锭中的气孔、疏松和微裂纹能够发生焊合，粗大的柱状晶粒与枝晶变为细小均匀的等轴晶粒，而且热加工还可以消除部分枝晶偏析并改善夹杂物、碳化物的形态、大小和分布，提高金属的致密度和力学性能。

2. 形成热变形纤维组织（流线）

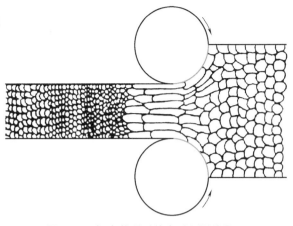

图 6-17 钢在轧制时的变形和再结晶

热加工时，铸态金属中的粗大枝晶偏析及各种夹杂物，都要沿变形方向伸长，并逐渐形成纤维状。依据夹杂物在再结晶时不会改变其纤维状分布的特点，在对热加工后的金属材料进行宏观分析时，可见到沿变形方向呈现一条条细线，这就是热变形纤维组织，通常称为"流线"。

生产中，为了使流线沿工件外形轮廓连续分布，以适应工件工作时的受力情况，广泛采用模型锻造方法制造齿轮及小型曲轴。图 6-18a 所示为用模型锻造方法加工的曲轴；图 6-18b 所示为用轧材直接切削加工的曲轴。

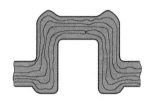
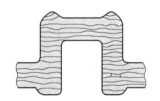

a) 模型锻造方法加工的曲轴　　b) 轧材切削加工的曲轴

图 6-18 曲轴的流线分布示意图

【小结】

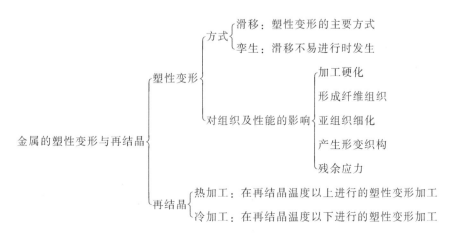

【综合训练】

一、填空题

1. 金属的塑性变形可以分为_____、_____和_____三个阶段。

2. 金属单晶体的塑性变形主要有_____和_____两种形式。

3. 一般来说，随加热温度的升高，冷塑性变形金属的组织与性能变化要经历_____、_____和_____三个阶段。

4. 晶粒长大又可分为_____和_____两种类型。

5. 金属在再结晶温度以上进行的塑性变形加工称为_____，在再结晶温度以下的塑性变形加工称为_____。

二、判断题

1. 金属结晶后，晶粒越粗大，其力学性能越好。（　　　）

2. 在体心立方晶格中，滑移面为 {110} ×6，而滑移方向为 〈111〉×2，所以滑移系为12。（　　　）

3. 滑移变形不会引起金属晶体结构的变化。（　　　）

4. 因为面心立方晶格与体心立方晶格具有相同数量的滑移系，所以两种晶体的塑性变形能力完全相同。（　　　）

5. 孪生变形需要的切应力比滑移变形时小得多。（　　　）

6. 金属的预先变形量越大，其开始再结晶的温度越高。（　　　）

7. 其他条件相同，变形金属的再结晶退火温度越高，退火后得到的晶粒越粗大。（　　　）

8. 金属铸件可以通过再结晶退火来细化晶粒。（　　　）

9. 再结晶能够消除加工硬化效果，是一种软化过程。（　　　）

10. 再结晶过程是有晶格类型变化的结晶过程。（　　　）

三、名词解释

1. 滑移　2. 滑移带　3. 滑移系　4. 孪生　5. 回复　6. 再结晶　7. 形变织构

四、简答题

1. 简述体心、面心和密排六方晶格的滑移系。

2. 简述滑移与孪生的区别。

3. 在常温下，为什么细晶粒金属的强度较高，塑性和韧性也好？

4. 再结晶后晶粒异常长大对材料的性能有哪些影响？应如何避免？

5. 用低碳钢板冷冲压形成的零件，冲压后发现各部位的硬度不同，为什么？应如何解决？

6. 热加工对金属的组织和性能有哪些影响？钢材在热加工（如锻造）时，为什么不会出现硬化现象？

模块七
CHAPTER 7

工业用钢

【学习目标】

1. 知识目标

1）了解钢的分类及牌号。

2）掌握钢中的元素及其作用。

3）掌握非合金钢、低合金钢、合金结构钢的化学成分特点及热处理工艺。

2. 技能目标

1）掌握非合金钢、低合金钢及合金结构钢的热处理工艺在工程中的应用。

2）掌握钢中的合金元素的作用。

单元一　钢的分类及牌号

钢铁材料又称黑色金属材料，是以铁和碳为主要组成元素的铁碳合金。

钢是碳的质量分数不大于 2.11%，并可能含有其他元素的铁碳合金（在个别钢中，如高铬钢，碳的质量分数可超过 2.11%）。钢的种类很多，常用分类方法如下。

1. 传统的分类方法

按化学成分不同，可分为碳素钢（简称碳钢）和合金钢。

按品质不同，可分为普通钢、优质钢、高级优质钢和特级优质钢。

按用途不同，可分为结构钢、工具钢、特殊性能钢和专业用钢。

按冶炼方法（炉类型）不同，可分为平炉钢、转炉钢和电炉钢。

按脱氧程度和浇铸制度不同，可进一步分为沸腾钢和镇静钢。

按金相组织的不同进行分类时，可根据退火状态的钢、正火状态的钢、无相变或部分发生相变的钢进一步分类。

2. 新的分类方法

1）按化学成分不同，可分为非合金钢、低合金钢和合金钢。

2）按主要质量等级和主要性能或使用特性分类。

按主要质量等级分类，非合金钢、低合金钢分为普通质量、优质和特殊质量三类，合金钢分为优质和特殊质量两类。

按主要性能或使用特性分类，可参见 GB/T 13304.2—2008《钢分类　第2部分：按主要质量等级和主要性能或使用特性的分类》。

单元二　钢中的元素及其作用

一、常存杂质元素对钢性能的影响

钢铁材料中的主要组元是铁和碳，但在冶炼过程中，还会带入一定量的硅（Si）、锰（Mn）、磷（P）、硫（S）、非金属夹杂物及气体（氧气、氢气等），这些非有意加入或保留的元素或物质，称为杂质。

1. 硅、锰的影响

硅是作为脱氧剂带入钢中的。硅可溶入铁素体，并使铁素体强化，从而显著提高钢的强度和质量，但硅的含量较高时，会使钢的塑性和韧性下降。作为杂质，硅的质量分数一般应不超过 0.4%。

锰是炼钢时用锰铁脱氧后残留在钢中的杂质。锰可防止形成氧化亚铁，减轻硫的有害作用，强化铁素体，增加珠光体的相对量，使组织细化，提高钢的强度。作为杂质，锰的质量分数一般应不超过 0.8%。

2. 硫、磷的影响

硫、磷是钢中的有害元素。在固态下，硫在钢中主要以硫化亚铁的形态存在，当钢材在 1000~1200℃进行热加工时，共晶体熔化，使钢材变脆，这种现象称为热脆。为了避免热脆，钢中的含硫量必须严格控制，通常应使 $w_S < 0.05\%$。磷在固态下可溶入铁素体，使钢的强度、硬度提高，并可提高铁液的流动性；但在室温下使钢的塑性、韧性显著下降，在低温时更为严重（称为冷脆）。磷的存在也会使钢的焊接性能变差。钢中的含磷量也要严格控制，通常应使 $w_P < 0.045\%$。

二、合金元素在钢中的作用

为了改善钢的力学性能或使之获得某些特殊性能，有目的地加入的一定量的一种或几种元素，称为合金元素。

1. 合金元素在钢中的存在形式

1）以溶质的形式溶入铁素体、奥氏体和马氏体中。

2）形成强化相，例如形成合金渗碳体、特殊碳化物或金属间化合物等。

3）形成非金属夹杂物，例如氧化物、氮化物和硫化物等。

4）以纯金属相存在，例如铅、铜等既不溶于铁，也不形成化合物，在钢中以游离状态存在。

2. 钢中能够形成碳化物的元素

按照与碳的亲和力由弱到强排列，钢中能够形成碳化物的元素为铁（Fe）、锰（Mn）、铬（Cr）、钼（Mo）、钨（W）、钒（V）、铌（Nb）、锆（Zr）、钛（Ti）等。这些元素称为碳化物形成元素。

3. 合金元素对热处理的影响

合金元素的作用大多要通过热处理才能发挥出来。除低合金钢外，合金钢一般经过热处理后方可使用。

（1）合金元素对加热转变的影响

1）细化奥氏体晶粒。在钢的奥氏体化过程中，合金元素（除锰外）均能阻止奥氏体晶粒长大。钒、钛、铌、锆等强碳化物形成元素，强烈阻止奥氏体晶粒长大，起到细化晶粒的作用；钨、钼、铬等的作用次之；非碳化物形成元素（如镍、硅、铜、钴等）的作用较弱。除锰钢外，合金钢在加热时不易过热，有利于在淬火后获得细小马氏体，有利于提高淬透性及钢的力学性能，也有利于减小淬火时的变形与开裂的倾向。

2）减缓奥氏体化速度。大多数合金元素（除镍和钴以外）能减缓钢的奥氏体化过程。含有碳化物形成元素的钢，由于碳化物不易分解，使奥氏体化过程大大减缓。因此，为了得到比较均匀且含有足够数量的合金元素的奥氏体，充分发挥合金元素的有利作用，合金钢在热处理时需要提高加热温度和延长保温时间。

（2）合金元素对冷却转变的影响

1）提高钢淬透性。非碳化物形成元素和弱碳化物形成元素，如镍、锰和硅等，仅使奥氏体等温转变图（C曲线）右移，如图7-1a所示。中强碳化物形成元素和强碳化物形成元素，如铬、钨、钼和钒等，溶于奥氏体后，不仅使奥氏体等温转变图右移，提高钢的淬透性，而且把珠光体转变与贝氏体转变明显地分为两个独立的区域，改变了奥氏体等温转变图的形状，使其出现两个"鼻尖"，如图7-1b所示。

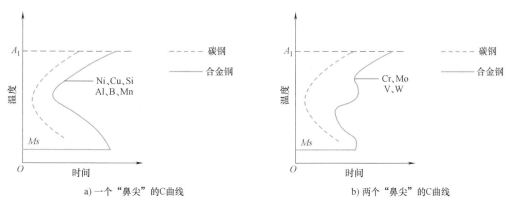

a) 一个"鼻尖"的C曲线　　　　　　　　　b) 两个"鼻尖"的C曲线

图 7-1　合金元素对 C 曲线的影响

必须指出的是，加入的合金元素，只有完全溶于奥氏体中，才能提高淬透性。如果未完全溶入，就会成为奥氏体分解时新相的结晶核心，使分解速度加快，降低钢的淬透性。对于某些钢来说，在连续冷却的条件下可以获得贝氏体组织。

2）使淬火后的残留奥氏体量增加。除钴和铝外，多数合金元素溶入奥氏体后，使马氏体转变温度 Ms 和 Mf 下降。钢的 Ms 点较低，Ms 点至室温的温度间隔就越小，在相同冷却条件下转变成马氏体的数量越少。因此，凡是降低 Ms 点的元素都会使淬火后钢中残留奥氏体的含量增加。

（3）合金元素对淬火钢回火转变的影响

1）提高回火稳定性。淬火钢在回火过程中抵抗硬度下降的能力，称为回火稳定性或回火抗力。由于合金元素阻碍马氏体分解和碳化物的聚集长大，使回火时硬度降低的过程变缓，从而可提高钢的回火稳定性。对合金钢的回火稳定性影响比较显著的元素有钒、钛、铬、钼、钨、硅、钴等；影响不明显的元素有镍、锰和铝等。可以看出，碳化物形成元素对回火稳定性的提高作用特别显著。硅和钴虽属不形成碳化物元素，但它们对渗碳体晶核的形成和长大有强烈的延迟作用，也有提高回火稳定性的作用。

2）回火时产生二次硬化。一些高合金钢在一次或多次回火后出现硬度上升的现象，称为二次硬化。造成二次硬化的原因主要有如下两点。

① 含有钒、铬、钼和钨等碳化物形成元素的钢，在500~600℃回火时，从马氏体中析出细的特殊碳化物，发挥了第二相的弥散强化作用。

② 某些高合金钢淬火后组织中存在较多的残留奥氏体，在回火加热及保温过程中，残留奥氏体析出合金碳化物，使得 Ms 点和 Mf 点上升，在随后的冷却过程中就有部分残留奥氏体转变为马氏体，使钢的硬度提高。图7-2所示为元素钼在钢中造成二次硬化示意图。

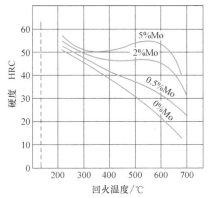

图 7-2　合金元素钼在钢中造成的二次硬化现象

3）避免某些合金钢的第二类回火脆性。研究表明，采用含有一定量的钨或钼的合金钢，可使淬火钢回火后缓冷也不产生回火脆性。

4. 合金元素对铁碳相图的影响

（1）对奥氏体相区的影响　按照对奥氏体相区影响的不同，可将合金元素分为扩大奥氏体相区元素和缩小奥氏体相区元素两类，如图7-3所示。

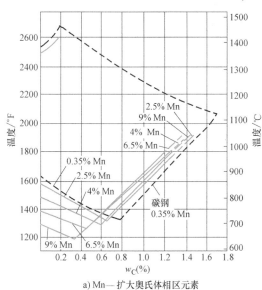

a) Mn—扩大奥氏体相区元素

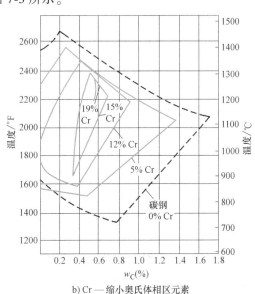

b) Cr—缩小奥氏体相区元素

图 7-3　合金元素对铁碳相图中奥氏体相区的影响

1）扩大奥氏体相区的元素有镍、锰、钴、碳、氮和铜等。这些元素使温度 A_1 和 A_3 降低，S 点和 E 点向左下方移动，从而使奥氏体区域扩大。图 7-3a 所示为锰对奥氏体区域的影响。

2）缩小奥氏体相区的元素有铬、钼、钨和硅等。这些元素使温度 A_1 和 A_3 升高，S 点和 E 点向左上方移动，从而使奥氏体区域缩小。图 7-3b 所示为铬对奥氏体区域的影响。

（2）合金元素对 S 点和 E 点的影响　凡能扩大奥氏体相区的元素，可使 S 点和 E 点向左下方移动；凡能缩小奥氏体相区的元素，可使 S 点和 E 点向左上方移动。因此，大多数合金元素均能使 S 点和 E 点向左移动，如图 7-4 所示。而 S 点向上或向下移动，则直接影响共析转变温度（A_1），如图 7-5 所示。

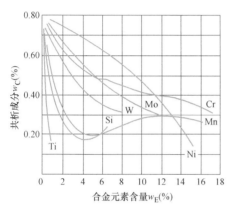

图 7-4　合金元素对共析成分（S 点）的影响

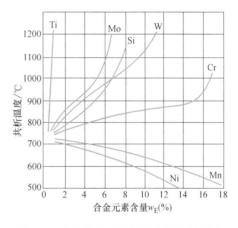

图 7-5　合金元素对共析转变温度的影响

单元三　非合金钢

非合金钢（俗称碳钢），工艺性能良好，价格低廉，力学性能也可满足一般工程和机械制造中零部件的使用性能要求，是生产中应用广泛的工程材料。

一、普通碳素结构钢

1. 牌号

普通碳素结构钢的牌号由 Q+屈服强度数值+质量等级符号+脱氧方法符号四个部分组成。其中，Q 为屈服强度中"屈"字的汉语拼音首位字母；屈服强度数值为一定厚度下材料的上屈服强度（MPa）；质量等级用 A、B、C、D 表示；字母 F、Z、TZ 分别表示沸腾钢、镇静钢和特殊镇静钢。例如 Q235AF，表示碳素结构钢的上屈服强度不低于 235MPa，质量等级为 A 级的沸腾钢。

2. 性能及用途

碳素结构钢中含硫、磷较多（$w_S \leq 0.050\%$、$w_P \leq 0.045\%$），强度较低，但冶炼容易，工艺性能好，价格低廉，能满足一般工程结构和普通零件的使用要求。碳素结构钢加工成形后一般不进行热处理，低碳钢通常轧制成圆钢、钢管、钢板、角钢、槽钢、钢筋等，优质低碳钢轧成薄板，用于制作汽车驾驶室、发动机罩等深冲制品，还能轧成棒材，用于制作强度要求不高的机械零件。

二、优质碳素结构钢

1. 牌号

优质碳素结构钢的牌号由两位数字组成。数字是以平均万分数表示的碳的质量分数。例如 40 钢，表示碳的平均质量分数为 0.4% 的优质碳素结构钢。钢中 Mn 的质量分数较高（$w_{Mn} = 0.7\% \sim 1.20\%$）时，在数字后附以符号 Mn，例如 65Mn 表示碳的平均质量分数为 0.65%，并含有较多锰（$w_{Mn} = 0.9\% \sim 1.20\%$）的优质碳素结构钢。

2. 性能及用途

优质碳素结构钢中硫、磷含量较低（$w_S \leqslant 0.035\%$、$w_P \leqslant 0.035\%$），非金属夹杂物较少，塑性及韧性较高，可进行热处理强化，主要用于制造较重要的零件。低碳钢常用于制作冲压件、渗碳件等；中碳钢常用于制作轴类零件；高碳钢常用于制作负荷不大、尺寸较小的弹簧等。08F 钢的塑性好，可轧成薄板和钢带或制成冷冲压件，其中 10 钢和 20 钢主要用于冷冲压件、焊接件及渗碳处理。35 钢、45 钢、40 钢、50 钢主要用于制作齿轮、轴类、连杆、销类零件；60 钢和 65 钢用于制作小尺寸弹簧元件。

三、碳素工具钢（非合金工具钢）

1. 牌号

碳素工具钢的牌号由 T+两位数字组成。T 是"碳"字的汉语拼音首位字母，数字是以千分数表示的碳的质量分数。若为高级优质碳素工具钢，则在牌号后加 A。例如 T12A，表示碳的平均质量分数为 1.2% 的高级优质碳素工具钢。含 Mn 量较高者，在钢的牌号后加符号 Mn，如 T8Mn。

2. 性能及用途

碳素工具钢中碳的平均质量分数比较高（$w_C = 0.65\% \sim 1.35\%$），硫、磷含量较低，经淬火、低温回火后具有较高的硬度和耐磨性，但塑性较低，主要用于制造低速、手动工具及常温下使用的工具、模具、量具等。碳素工具钢的性能特点及应用见表 7-1。

表 7-1 碳素工具钢的性能特点及应用

牌 号	性能特点	应 用
T7,T7A,T8,T8A,T8AMn	韧性较好,具有一定的硬度	木工工具、钳工工具,如锤子、錾子、模具、剪刀等;T8Mn 可用于制造截面较大的工具
T9,T9A,T10,T10A,T11,T11A	具有较高的硬度、一定的韧性	低速刀具,如锉刀、丝锥、板牙、锯条、卡尺、冲模、拉丝模
T12,T12A,T13,T13A	硬度高,韧性差	不受振动的低速刀具,如锉刀、刮刀、外科用刀具和钻头等

四、铸造碳钢（铸钢）

1. 牌号表示方法

国家标准 GB/T 5613—2014《铸钢牌号表示方法》中规定，铸钢牌号有两种表示方法：

一种是以力学性能表示的铸钢牌号，由"ZG+数字-数字"组成，ZG 是"铸钢"二字的汉语拼音首位字母，第一组数字表示屈服强度最低值，第二组数字表示抗拉强度最低值，如 ZG 200-400 表示屈服强度不小于 200MPa，抗拉强度不小于 400MPa 的铸造碳钢；另一种是以化学成分表示的铸钢牌号，由"ZG+数字+元素符号+数字"组成，第一组（两位或三位）数字是以万分数表示的碳的质量分数（平均 $w_C \geq 1\%$ 时，为平均碳含量；平均 $w_C < 1\%$ 时，第一位数字为"0"），元素符号后的数字是以百分数表示的该元素的质量分数，如 ZG15Cr1Mo1V，表示 $w_C \approx 0.15\%$、$w_{Cr} \approx 1\%$、$w_{Mo} \approx 1\%$、$w_V < 1.5\%$（平均质量分数 <1.5% 时，一般不标含量）的铸钢。

2. 性能及用途

铸造碳钢主要用于制造形状复杂、难以锻压成形，且用铸铁又不能满足性能要求的铸件。

单元四　低合金钢

低合金钢是一类可焊接的低碳低合金工程结构用钢，钢中合金元素的总质量分数不超过 5%（一般不超过 3%）。常用的有低合金高强度结构钢、低合金耐候钢、低合金专业用钢等。

一、低合金钢的分类

1）按主要质量等级不同，可分为普通质量低合金钢、优质低合金钢、特殊质量低合金钢。

2）按主要性能或使用特性不同，可分为可焊接的低合金高强度结构钢、低合金耐候钢、低合金混凝土用钢及预应力用钢、铁道用低合金钢、矿用低合金钢、其他低合金钢等。

二、低合金高强度结构钢

低合金高强度结构钢是结合我国资源条件（主要加入元素锰）而发展起来的优良低合金钢之一。

1. 牌号

低合金高强度结构钢的牌号由 Q+下屈服强度数值+质量等级符号组成。Q 为"屈"字汉语拼音的首位字母；屈服强度数值的单位为 MPa；质量等级符号为 A、B、C、D、E，由 A 到 E，其磷、硫的含量依次降低。

2. 用途

低合金高强度结构钢广泛用于建筑、桥梁、船舶、车辆、铁道、高压容器及大型军事工程等方面。其中 Q345（16Mn）是发展最早、使用最多、产量最大的钢种之一。我国载货汽车的大梁采用 Q345 后，使载重比由 1.05 提高到 1.25；南京长江大桥采用 Q345 比用非合金钢节约钢材 15% 以上。

3. 化学成分特点

（1）碳的质量分数 低合金高强度结构钢以低碳和低硫为主要特征，由于塑性、韧性、焊接性和冷变形加工性能的要求，其碳的质量分数不超过 0.20%。

（2）合金化 低合金高强度结构钢以锰（Mn）为主加元素，硅（Si）的质量分数高于普通碳钢，Mn、Si 固溶强化铁素体，Mn 既可提高强度，还可改善塑性和韧性；辅加 Ti、V、Nb 等元素时，在钢中形成细小碳化物或碳氮化物，有利于获得细小的铁素体晶粒和提高钢的强度和韧性（细晶强化）；加入少量 Cu 和 P 等，可提高抗腐蚀性能；加入少量钼（Mo）或少量稀土元素时，可以脱硫、去气，使钢材净化，并可改善夹杂物形状及分布，减弱其冷脆性，改善韧性和工艺性能。

4. 性能特点

低合金高强度结构钢的塑性和韧性好，具有良好的焊接性能和冷成形性能，并且冷脆转变温度低，耐蚀性高。常用低合金高强度结构钢的化学成分、力学性能及用途见表 7-2。

表 7-2 常用低合金高强度结构钢的化学成分、力学性能及用途

牌号	曾用牌号	主要化学成分(质量分数,%)			力学性能			用 途
		C	Si	Mn	屈服强度 R_{eL}/MPa	抗拉强度 R_m/MPa	伸长率 A(%)	
Q345	16Mn	≤0.20	≤0.50	≤1.70	≥345	470~630	≥20	桥梁、船舶、车辆、压力容器等
	16MnRE							建筑结构、船舶、化工容器等
Q390	16MnNb	≤0.20	≤0.50	≤1.70	≥390	490~650	≥20	桥梁、起重设备等
	15MnTi	≤0.18						船舶、压力容器、电站设备等
Q420	14MnVTiRE	≤0.18	≤0.50	≤1.70	≥420	520~680	≥19	桥梁、高压容器、大型船舶、电力设备等
	15MnVN	≤0.20						大型焊接结构、桥梁、管道等
Q460	—	≤0.18	≤0.60	≤1.80	≥460	550~720	≥17	中温高压容器(<500℃)
	—	≤0.20						锅炉、化工、石油高压厚壁容器(<500℃)

三、低合金耐候钢

耐候钢即耐大气腐蚀钢，是在低碳钢的基础上加入少量的 Cu、P、Cr、Ni 等合金元素，使其在钢的表面形成保护层，以提高钢材的耐大气腐蚀性。

1. 分类

我国列入国家标准的耐候钢有焊接耐候钢和高耐候钢。

（1）焊接耐候钢 牌号由 Q+数字+NH+字母组成。其中，数字表示下屈服强度的下限值，NH 是"耐候"二字的汉语拼音首位字母，字母（A、B、C、D、E）表示质量等级。例如 Q355NHC，表示下屈服强度不低于 355MPa，质量等级为 C 级的焊接耐候钢。

（2）高耐候钢 牌号是由 Q+数字+GNH 组成。与焊接耐候钢不同的是，字母 GNH 是"高耐候"三字的汉语拼音首位字母，含 Cr、Ni 的高耐候钢牌号后加字母 L，例如 Q345GNHL。

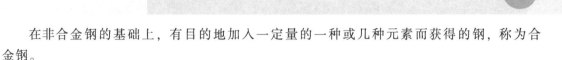

2. 用途

1）焊接耐候钢适用于桥梁、建筑及其他要求耐候性的结构件。

2）高耐候钢适用于制作车辆、建筑、塔架和其他要求高耐候性的钢结构，还可以制成螺栓连接、铆接和焊接的结构件。

单元五　合金结构钢

在非合金钢的基础上，有目的地加入一定量的一种或几种元素而获得的钢，称为合金钢。

一、机械结构用合金钢

机械结构用合金钢主要用于制造各种机械零件，大多需经热处理后才能使用。

1. 机械结构用合金钢的种类

1）按用途及热处理方法不同，可分为渗碳钢、调质钢与非调质钢、弹簧钢、滚动轴承钢、超高强度钢、易切削钢等。

2）按冶金质量不同，可分为优质钢、高级优质钢和特级优质钢。

2. 牌号

1）合金渗碳钢、合金调质钢及合金弹簧钢等的牌号由数字（两位，万分数表示的碳的质量分数）+元素符号+数字（百分数表示的质量分数）组成。

2）滚动轴承钢、高碳铬轴承钢的牌号由 G+Cr+数字（千分数表示的 Cr 的质量分数）组成。

二、合金渗碳钢

1. 工作条件及性能要求

许多机械零件，如汽车、拖拉机上的变速齿轮与内燃机上的凸轮轴、活塞销等，在工作时表面受到强烈摩擦、磨损，同时又承受较大的交变载荷（特别是冲击载荷）的作用。

图 7-6 所示为渗碳炉及渗碳齿轮，零件表面具有优异的耐磨性和高强度，心部具有较高强度和足够的韧性，具有良好的热处理工艺性能。合金渗碳钢通常是指经渗碳、淬火、低温回火后使用的低碳合金结构钢。

2. 化学成分

合金渗碳钢一般采用低碳钢，碳的质量分数为 0.1%～0.25%，以保证淬火后零件心部有足够的塑性和韧性。合金渗碳钢主要加入可强化铁素体和提高淬透性的合金元素（Cr、Ni、Mn、B）等，其中 Cr 为主加元素，也可加入少量可形成细小难熔的碳化物、阻止晶粒长大的合金元素（V、Ti、W、Mo）等，从而有利于防止渗碳层剥落和提高心部性能，并使零件渗碳后能直接淬火，简化热处理工序。特殊碳化物还可增加渗层的耐磨性。

3. 热处理工艺

预备热处理为：低、中淬透性的渗碳钢，锻造后正火；高淬透性的渗碳钢，锻造后空

a) 渗碳炉

b) 渗碳齿轮

图 7-6　渗碳炉及渗碳齿轮

冷，再于 650℃ 左右高温回火，以改善渗碳钢毛坯的切削加工性能。

最终热处理为：渗碳后淬火、低温回火（180~200℃）。

以 20CrMnTi 为例，采用 20CrMnTi 制作齿轮的加工工艺路线为：锻造→热处理→机加工→渗碳→淬火→低温回火→磨齿，其热处理工艺曲线如图 7-7 所示。

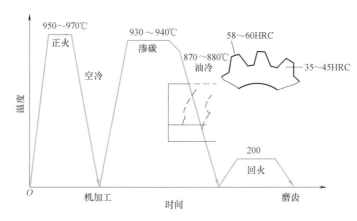

图 7-7　采用 20CrMnTi 制作齿轮的热处理工艺曲线

淬火及低温回火后，合金钢渗碳件的表面层组织是高碳回火马氏体和合金渗碳体或碳化物，以及少量的残留奥氏体，硬度可达 60~62HRC。心部组织与钢的淬透性及零件截面尺寸有关，若心部淬透，则回火组织为低碳回火马氏体，硬度为 40~48HRC；若未淬透，则为托氏体加少量低碳回火马氏体及铁素体的混合组织，硬度为 25~40HRC。高碳马氏体保证了表面的高硬度和耐磨性，心部的混合组织则具有足够的强度和韧性。

4. 合金渗碳钢的种类

（1）低淬透性渗碳钢　这类钢淬透性低，水淬临界淬透直径为 20~35mm。心部强度不高，渗碳时晶粒易长大（特别是锰钢）。典型钢种为 20Cr、20MnV 等。图 7-8 所示为低淬透性渗碳钢制柴油机凸轮轴和活塞销等。

（2）中淬透性渗碳钢　这类钢的油淬临界淬透直径为 25~60mm，渗碳过渡层比较均匀，奥氏体晶粒长大倾向小，可自渗碳温度预冷到 870℃ 左右直接淬火。典型钢种为

a) 柴油机凸轮轴

b) 活塞销

图 7-8 低淬透性渗碳钢件

20CrMnTi、20MnVB 等，用于制造承受中等载荷的耐磨件。图 7-9 所示汽车变速箱齿轮即为中淬透性渗碳钢件。

（3）高淬透性渗碳钢 这类钢的油淬临界淬透直径为 100mm 以上，甚至空冷也能形成马氏体。典型钢种为 20Cr2Ni4、18Cr2Ni4WA 等，用于制造承受较大载荷的耐磨件。图 7-10 所示柴油机曲轴即为高淬透性渗碳钢件。

图 7-9 汽车变速箱齿轮

图 7-10 柴油机曲轴

常用合金渗碳钢的牌号、热处理工艺、力学性能及用途见表 7-3。

表 7-3 常用合金渗碳钢的牌号、热处理工艺、力学性能及用途

类别	牌号	热处理温度/℃			力学性能（不小于）			用 途
		渗碳	淬火	回火	抗拉强度 R_m/MPa	屈服强度 R_{eL}/MPa	伸长率 A （%）	
低淬透性	20Mn2	930	850 水、油	200	785	590	10	小齿轮、小轴、活塞销等
	20Cr	930	800 水、油	200	835	540	10	齿轮、小轴、活塞销等
	20MnV	930	880 水、油	200	785	590	10	可代替 20Cr，也用于锅炉、高压容器等
中淬透性	20CrMn	930	850 油	200	930	735	10	齿轮、轴、蜗杆、摩擦轮等
	20CrMnTi	930	870 油	200	1080	850	10	汽车、拖拉机变速箱齿轮
	20MnTiB	930	860 油	200	1130	930	10	可代替 20CrMnTi

(续)

类别	牌号	热处理温度/℃			力学性能(不小于)			用 途
		渗碳	淬火	回火	抗拉强度 R_m/MPa	屈服强度 R_{eL}/MPa	伸长率 A (%)	
高淬	18Cr2Ni4W	930	850 空	200	1180	835	10	大型渗碳齿轮和轴类零件
透性	20Cr2Ni4	930	780 油	200	1180	1080	10	大型齿轮和轴等

三、合金调质钢

1. 工作条件及性能

要求经调质处理后使用的合金结构钢，称为合金调质钢。合金调质钢具有高强度、高韧性相结合的良好综合力学性能，还具有良好的淬透性，可保证零件整个截面上性能均匀一致。合金调质钢用于制造在重载荷作用下同时又受冲击载荷作用的一些重要零件，如图 7-11 所示。

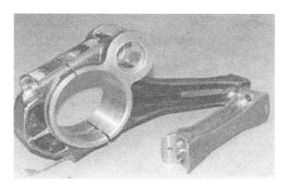

a) 小轴　　　　　　　　　　　　　　　　　b) 发动机上的连杆

图 7-11　调质钢件

2. 化学成分

合金调质钢中碳的质量分数在 0.25%~0.5% 之间，以 0.4% 居多，属中碳钢。合金调质钢因合金元素起强化作用，故碳的平均质量分数偏低。合金调质钢中主加合金元素 Mn、Si、Cr、Ni、B 的主要作用是增大钢的淬透性，获得高且均匀的综合力学性能，特别是高的屈强比。辅加元素 V 的主要作用是细化晶粒，提高综合力学性能，Mo 和 W 的主要作用是减轻或抑制第二类回火脆性，Al 的主要作用是加速合金调质钢的氮化过程。

3. 热处理工艺

预备热处理指的是锻造成形后的热处理。合金调质钢的预备热处理为：低淬透性调质钢，常采用正火；中淬透性调质钢，常采用退火；高淬透性调质钢，采用正火（得到马氏体）后高温回火。

最终热处理为：粗加工后调质处理（淬火后高温回火）。对于某些要求具有良好的综合力学性能、局部还要求硬度高、耐磨性好的零件，可在调质后进行局部表面淬火或渗氮处理。

以 40Cr 为例，采用 40Cr 制作拖拉机上的连杆和螺栓，其加工工艺路线为：毛坯→锻造→正火或退火→粗加工→调质→机加工→装配，其热处理工艺曲线如图 7-12 所示。

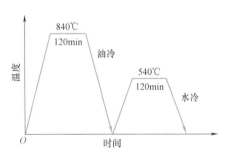

图 7-12　采用 40Cr 制作的连杆和螺栓的热处理工艺曲线

4. 合金调质钢的种类

（1）低淬透性调质钢　$w_{Me}<2.5\%$，油淬临界直径为 20~40mm，调质后强度比非合金钢高。典型钢种为常用 40Cr，用于制造较小的齿轮、轴、螺栓等。常用低淬透性调质钢的牌号、化学成分、热处理工艺、力学性能及用途见表 7-4。

表 7-4　常用低淬透性调质钢的牌号、化学成分、热处理工艺、力学性能及用途

牌　号		35SiMn	40MnB	40MnVB	40Cr
化学成分（质量分数，%）	C	0.32~0.40	0.37~0.44	0.37~0.44	0.37~0.44
	Mn	1.10~1.40	1.10~1.40	1.10~1.40	0.50~0.80
	Si	1.10~1.40	0.17~0.37	0.17~0.37	0.17~0.37
	Cr				0.80~1.10
	其他		B：0.0008~0.0035	V：0.05~0.10 B：0.0008~0.004	
热处理工艺	淬火温度/℃	900 水	850 油	850 油	850 油
	回火温度/℃	570 水、油	500 水、油	520 水、油	520 水、油
力学性能（不小于）	抗拉强度 R_m/MPa	885	980	980	980
	屈服强度 R_{eL}/MPa	735	785	785	785
	伸长率 A(%)	15	10	10	9
	冲击吸收能量 KU/J	47	47	47	47
用　途		除需低温（-20℃以下）韧性很高的情况下，可全面代替 40Cr 用于调质件	可代替 40Cr	可代替 40Cr 及部分代替 40CrNi 用于重要零件，也可以代替 38CrSi 用于重要销钉	用于重要调质件，如轴类件、连杆、螺栓、进气阀和重要齿轮等

（2）中淬透性调质钢　合金元素较多，油淬临界淬透直径为 40~60mm，调质后强度很高。典型钢种为 30CrMnSi、40CrMn、40CrNi、38CrSi、35CrMo 等。30CrMnSi 等用于制造大、中型零件；40CrNi、40CrMn 等可用于 500℃ 以下较高温度环境中服役的零件，如汽轮机转子、叶轮等；38CrSi、35CrMo 等常用于制造较小的齿轮、轴、螺栓等零件。

常用中淬透性调质钢的牌号、热处理工艺、力学性能及用途见表 7-5。

（3）高淬透性调质钢　油淬临界淬透直径为 60~100mm。调质后强度高，韧性也很好。典型钢种为 25Cr2Ni4W、40CrNiMo，用于制造大截面及承受重载荷的零件。图 7-13 所示合金结构钢曲轴即为高淬透性调质钢件。

表7-5 常用中淬透性调质钢的牌号、热处理工艺、力学性能及用途

牌 号		38CrSi	30CrMnSi	40CrNi	35CrMo
化学成分 (质量分数,%)	C	0.35~0.43	0.28~0.34	0.37~0.44	0.32~0.40
	Mn	0.30~0.60	0.80~1.10	0.50~0.80	0.40~0.70
	Si	1.00~1.30	0.90~1.20	0.17~0.37	0.17~0.37
	Cr	1.30~1.60	0.80~1.10	0.45~0.75	0.80~1.10
	其他			Ni:1.00~1.40	Mo:0.15~0.25
热处理工艺	淬火温度/℃	900 油	880 油	820 油	850 油
	回火温度/℃	600 水、油	540 水、油	500 水、油	550 水、油
力学性能 (不小于)	抗拉强度 R_m/MPa	980	1080	980	980
	屈服强度 R_{eL}/MPa	835	835	785	835
	伸长率 A(%)	12	10	10	12
	冲击吸收能量 KU/J	55	39	55	63
用 途		用于载荷大的轴类件及车辆上的重要调质件	高强度钢,用于高速载荷砂轮轴和车辆上的内外摩擦片等	汽车、拖拉机、机床、柴油机的轴、齿轮和螺栓等	重要调质件,如曲轴、连杆及代替40CrNi 用于大截面轴

图 7-13 合金结构钢曲轴

常用高淬透性调质钢的牌号、化学成分热处理工艺、力学性能及用途见表7-6。

表7-6 常用高淬透性合金调质钢的牌号、化学成分、热处理工艺、力学性能及用途

牌 号		38CrMoAl	37CrNi3	40CrMnMo	25Cr2Ni4W	40CrNiMo
化学成分 (质量分数,%)	C	0.35~0.42	0.34~0.41	0.37~0.45	0.21~0.28	0.37~0.44
	Mn	0.30~0.60	0.30~0.60	0.90~1.20	0.30~0.60	0.50~0.80
	Si	0.20~0.45	0.17~0.37	0.17~0.37	0.17~0.37	0.17~0.37
	Cr	1.35~1.65	1.20~1.60	0.90~1.20	1.35~1.65	0.60~0.90
	其他	Mo:0.15~0.25 Al:0.70~1.10	Ni:3.00~3.50	Mo:0.20~0.30	Ni:4.00~4.50 W:0.80~1.20	Ni:1.25~1.65 Mo:0.15~0.25
热处理工艺	淬火温度/℃	940 水、油	820 油	850 油	850 油	850 油
	回火温度/℃	640 水、油	500 水、油	600 水、油	550 水、油	600 水、油

（续）

牌　　号		38CrMoAl	37CrNi3	40CrMnMo	25Cr2Ni4W	40CrNiMo
力学性能 （不小于）	抗拉强度 R_m/MPa	980	1130	980	1080	980
	屈服强度 R_{eL}/MPa	835	980	785	930	835
	伸长率 A(%)	14	10	10	11	12
	冲击吸收能量 KU/J	71	47	63	71	78
用　　途		用于渗碳零件，如高压阀门、缸套等	用于大截面并要求高强度、高韧性的零件	相当于40CrNiMo的高调质钢	用于力学性能要求很高的大截面零件	用于高强度零件，如航空发动机轴和在小于500℃环境下工作的喷气发动机承载零件

四、非调质钢

非调质钢是在中碳钢中添加微量合金元素（V、Ti、Nb、N等），然后加热使这些元素固溶于奥氏体中，再通过控温轧制（锻制）、控温冷却，使钢在轧制（或锻制）后获得与碳素结构钢或合金结构钢经调质处理后所达到的同样力学性能的钢种，使用时，可不用再调质处理。

非调质钢按使用加工方法分为两类：直接切削加工用钢（如 F35MnVS）和热压力加工用钢（如 F40MnVS）。

常用非调质钢的牌号、热处理工艺及力学性能见表7-7。

表7-7　常用非调质钢的牌号、热处理工艺及力学性能

牌号	化学成分（质量分数，%）						力学性能（不小于）					
	C	Mn	Si	P	S	V	抗拉强度 R_m/MPa	屈服强度 R_{eL}/MPa	伸长率 A(%)	断面收缩率 Z(%)	冲击吸收能量 KU/J	HBW
F35MnVS	0.32~0.39	1.00~1.50	0.30~0.60	≤0.035	0.035~0.075	0.06~0.13	735	460	17	35	37	257
F40MnVS	0.37~0.44	1.00~1.50	0.30~0.60	≤0.035	0.035~0.075	0.06~0.13	785	490	15	33	32	257

五、合金弹簧钢

合金弹簧钢主要用于制造各种机械和仪表中的弹簧（图7-14），例如汽车、拖拉机、坦克、机车车辆的减振弹簧和螺旋弹簧，大炮缓冲弹簧，钟表发条等。合金弹簧钢具有较高的弹性极限、屈服强度、屈强比、疲劳强度，并且具有足够的塑性和韧性、良好的耐热性和较高的表面质量，良好的淬透性、耐蚀性和不易脱碳。弹簧一般都在交变应力作用下工作，所

以经常产生疲劳破坏，也可能因弹性极限较低而造成过量变形或永久变形，从而失去弹性。

1. 化学成分

碳素弹簧钢中碳的质量分数为 0.6% ~ 0.9%，以保证得到高的强度和屈服强度。而合金弹簧钢由于合金元素的加入，使 S 点左移，碳的质量分数为 0.45% ~ 0.7%。合金弹簧钢的主加元素为 Mn、Si 等，主要作用是强化铁素体，提高钢的淬透性、弹性极限及回火稳定性，使钢回火后能够沿整个截面获得均匀的回火托氏体组织，并最终具有较高的硬度和强度。合金弹簧钢中辅加少量的合金元素 Mo、W、V 等，可减少钢的过热倾向和脱碳现象，细化晶粒，

图 7-14　合金弹簧钢

进一步提高弹性极限、屈强比、耐热性及冲击韧度。这些合金元素都能增加奥氏体稳定性，使大截面弹簧可在油中淬火，减少其变形与开裂倾向。

2. 热处理工艺

（1）冷成形弹簧的热处理　弹簧的冷成形即通过冷拉、冷卷成形。冷卷后弹簧不必进行淬火处理，只需进行一次消除内应力和稳定尺寸的定型处理。

（2）热成形弹簧的热处理　一般可在淬火加热时成形，然后经中温回火获得回火托氏体组织，具有很高的屈服强度和弹性极限，并有一定的塑性和韧性。

常用合金弹簧钢的牌号、热处理工艺、力学性能及用途，见表 7-8。

表 7-8　常用合金弹簧钢的牌号、热处理工艺、力学性能及用途

牌　号		65Mn	60Si2Mn	55SiMnVB	60Si2CrV	50CrV
主要成分（质量分数，%）	C	0.62 ~ 0.70	0.56 ~ 0.64	0.52 ~ 0.60	0.56 ~ 0.64	0.46 ~ 0.54
	Mn	0.90 ~ 1.20	0.70 ~ 1.00	1.00 ~ 1.30	0.40 ~ 0.70	0.50 ~ 0.80
	Si	0.17 ~ 0.37	1.50 ~ 2.00	0.70 ~ 1.00	1.40 ~ 1.80	0.17 ~ 0.37
	其他	Cr:≤0.25	Cr:≤0.35	B: 0.0008 ~ 0.035 V:0.08 ~ 0.16	Cr:0.90 ~ 1.20 V: 0.10 ~ 0.20	Cr:0.80 ~ 1.10 V:0.10 ~ 0.20
热处理工艺	淬火温度 /℃	830 油	870 油	860 油	850 油	850 油
	回火温度 /℃	540	440	460	410	500
力学性能（不小于）	抗拉强度 R_m/MPa	980	1570	1375	1860	1275
	屈服强度 R_{eL}/MPa	785	1375	1225	1665	1130
	伸长率 A(%)	8	5	5	6(A_5)	10(A_5)
	断面收缩率 Z(%)	30	20	30	20	40

（续）

牌　号	65Mn	60Si2Mn	55SiMnVB	60Si2CrV	50CrV
用途	用于制造截面不大于25mm²的弹簧，例如车板簧和弹簧发条等	用于制造截面为25~30mm²的弹簧，例如汽车板簧、机车螺旋弹簧；还可用于工作温度小于250℃的耐热弹簧	可代替60Si2Mn制造重型、中型、小型汽车的板簧，其他中等截面的板簧和螺旋弹簧	用于制造截面不大于50mm²的承载高载荷及工作温度低于350℃的重要弹簧，例如调速器弹簧、汽轮机汽封弹簧等	用于制造截面为30~50mm²的承载高载荷的重要弹簧及工作温度低于400℃的阀门弹簧、活塞弹簧和安全弹簧等

六、滚动轴承钢

1. 性能要求

滚动轴承钢主要用来制造各种滚动轴承元件（图7-15），例如轴承内圈、外圈和滚动体等。滚动轴承在工作中受到周期性交变载荷和冲击载荷的作用，产生强烈的摩擦，接触应力很大，同时还受到大气和润滑介质的腐蚀。因此，要求滚动轴承钢应具有高硬度和耐磨性，很高的弹性极限和一定的冲击韧度，足够的淬透性和耐蚀能力，以及高接触疲劳强度和抗压强度。

图7-15　滚动轴承元件

2. 化学成分

目前常用的高碳铬轴承钢，其中 $w_C = 0.95\% \sim 1.15\%$（以获得高强度、高硬度及高耐磨性），$w_{Cr} = 0.4\% \sim 1.65\%$（以提高淬透性，形成细小均匀分布的合金渗碳体，提高接触疲劳强度和耐磨性）。另外，制造大尺寸轴承时，可加入元素Si、Mn，以进一步提高其淬透性。同时，轴承钢还要严格限制P、S的质量分数。

3. 热处理工艺

滚动轴承钢的预备热处理为：球化退火。目的是降低硬度，以便切削加工。采用球化退火是为了获得均匀分布的细粒珠光体，为最终热处理做好组织准备。

滚动轴承钢的最终热处理为：淬火后低温回火。对于精密轴承零件，为了保证使用过程中的尺寸稳定性，淬火后还应进行冷处理，使残留奥氏体转变，然后再进行低温回火。

生产精密轴承或量具时，由于低温回火不能彻底消除内应力和残留奥氏体，因此磨削加工后，再在 120~130℃ 下进行 5~10h 的时效处理，去除内应力，以保证其在工作中的尺寸稳定性。

4. 滚动轴承钢的种类

轴承钢包括高碳铬轴承钢、渗碳轴承钢、高碳铬不锈轴承钢、高温轴承钢、无磁轴承钢等。

常用滚动轴承钢的牌号、化学成分、热处理工艺、力学性能及用途见表 7-9。

表 7-9　常用滚动轴承钢的牌号、化学成分、热处理工艺、力学性能及用途

牌号	化学成分(质量分数,%)				淬火温度 /℃	回火温度 /℃	回火后硬度 HRC	用　途
	C	Cr	Si	Mn				
GCr9	1.0~ 1.10	0.9~ 1.2	0.15~ 0.35	0.20~ 0.40	810~ 830	150~ 170	62~66	直径为 20mm 以内的各种滚动体
GCr9SiMn	1.0~ 1.10	0.9~ 1.2	0.45~ 0.75	0.95~ 1.25	810~ 830	150~ 160	≥62	壁厚<14mm、外径<250mm 的轴承套，直径为 25~50mm 的钢球
GCr15	0.95~ 1.05	1.40~ 1.65	0.15~ 0.35	0.25~ 0.45	820~ 840	150~ 160	62~66	同 GCr9SiMn
GCr15SiMn	0.95~ 1.05	1.40~ 1.65	0.45~ 0.75	0.95~ 1.25	820~ 840	170~ 200	≥62	壁厚≥14mm、外径为 250mm 的套圈，直径为 20~200mm 的钢球，其他同 GCr15

七、易切削钢

通过加入一种或几种合金元素而获得良好切削加工性能的钢，称为易切削钢。钢的切削加工性能一般是按刀具寿命、切削抗力大小、加工表面粗糙度和切屑排除难易程度来评定的。能改善切削加工性能的合金元素主要有 S、Pb、P 及微量的 Ca 等，但必须合理控制它们在钢中的含量，否则会带来一些不利影响，比如降低钢的力学性能等。

通常情况下，易切削钢可以进行最终热处理，但不采用预备热处理，以防止破坏其切削加工性能。另外，易切削钢的成本高，只有在大批量生产时，才会获得较高的经济效益。常用易切削钢的牌号、化学成分、力学性能及用途见表 7-10。

表 7-10　常用易切削钢的牌号、化学成分、力学性能及用途

牌号	化学成分(质量分数,%)						力学性能(热轧)				用　途
	C	Si	Mn	S	P	其他	抗拉强度 R_m/MPa	伸长率 A(%)	断面收缩率 Z(%)	硬度 HBW	
Y12	0.08~ 0.16	0.15~ 0.35	0.70~ 1.00	0.10~ 0.20	0.08~ 0.15		390~ 540	≥22	≥36	170	双头螺柱、螺钉、螺母等一般标准紧固件
Y12Pb	≤0.15	≤0.15	0.85~ 1.15	0.26~ 0.35	0.04~ 0.09	Pb: 0.15~ 0.35	360~ 570	≥22	≥36	170	同 Y12，但切削加工性能提高

（续）

牌号	化学成分（质量分数，%）						力学性能（热轧）				用　途
	C	Si	Mn	S	P	其他	抗拉强度 R_m/MPa	伸长率 A（%）	断面收缩率 Z（%）	硬度 HBW	
Y15	0.10～0.18	≤0.15	0.80～1.20	0.23～0.33	0.05～0.10		390～540	≥22	≥36	170	同 Y12，但切削加工性能显著提高
Y30	0.27～0.35	0.15～0.35	0.70～1.00	0.08～0.15	≤0.06		510～655	≥15	≥25	187	强度较高的小件，结构复杂、不易加工的零件，例如纺织机、计算机上的零件
Y40Mn	0.37～0.45	0.15～0.35	1.20～1.55	0.20～0.30	≤0.05		590～850	≥14	≥20	229	要求强度、硬度较高的零件，例如机床丝杠、自行车和缝纫机上的零件
Y45Ca	0.42～0.50	0.20～0.40	0.60～0.90	0.04～0.08	≤0.04	Ca：0.002～0.006	600～745	≥12	≥26	241	同 Y40Mn

单元六　合金工具钢和特殊性能钢

一、合金工具钢的分类

合金工具钢是指制造各种加工工具的合金钢。按用途不同，可分为刃具钢、模具钢及量具钢。

按化学成分不同，合金工具钢可分为低合金工具钢、中合金工具钢和高合金工具钢。

低合金工具钢中，合金元素总的质量分数 $w_\mathrm{Me}<5\%$；中合金工具钢中，$w_\mathrm{Me}=5\%～10\%$；高合金工具钢中，$w_\mathrm{Me}>10\%$。

二、合金刃具钢

1. 低合金刃具钢

刃具钢主要用于制造各种金属切削工具，例如钻头、车刀、铣刀等。刃具不仅要承受压力、弯曲、振动与冲击，还要受到工件和切屑强烈的摩擦作用。由于切削过程产生热量，刃部温度可达 500～600℃，因此要求刃具钢除具有足够的强度和韧性外，还要求其硬度在60HRC 以上，同时具有高耐磨性和高的热硬性。

（1）化学成分　低合金刃具钢中碳的质量分数一般为 0.75%～1.5%，较高的碳的质量分数可以保证有较高的淬硬性和形成合金碳化物，同时获得高硬度和高耐磨性。钢中加入合金元素 W、Mn、Cr、V、Si 等元素，可以提高其淬透性和回火稳定性，形成碳化物，细化晶粒，提高热硬性，并降低过热敏感性。

（2）热处理工艺 预备热处理为球化退火。最终热处理为淬火+低温回火，以获得细小回火马氏体、粒状合金碳化物及少量残留奥氏体组织。

合金刃具钢的导热性较差，对于形状复杂或截面较大的刃具，淬火加热时应进行预热（600~650℃），淬火温度不宜过低，以防溶入奥氏体的碳化物减少，使钢的淬透性降低。合金刃具钢可采用油淬、分级淬火或等温淬火。以9SiCr为例，采用9SiCr制作板牙，其加工工艺路线为：下料→锻造→球化退火→机加工→淬火→低温回火，其热处理工艺曲线如图7-16所示。

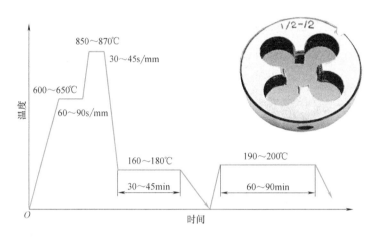

图 7-16 采用 9SiCr 制作板牙的热处理工艺曲线

常用低合金刃具钢的牌号、化学成分、热处理工艺、力学性能及用途见表7-11。

表 7-11 常用低合金刃具钢的牌号、化学成分、热处理工艺、力学性能及用途

牌号	化学成分(质量分数,%)						热处理工艺				用 途
							淬火		回火		
	C	Si	Mn	Cr	W	V	温度/℃	硬度HRC	温度/℃	硬度HRC	
9SiCr	0.85~0.95	1.20~1.60	0.30~0.60	0.95~1.25			820~860 油	≥62	180~200	60~62	制作板牙、丝锥、铰刀、钻头、齿轮铣刀和拉刀等，也可制作冷冲模和冷轧辊等
Cr06	1.30~1.45	≤0.40	≤0.40	0.50~0.70			780~810 水	≥64			制作刮刀、锉刀、剃刀、外科手术刀和刻刀等
9Mn2V	0.85~0.95	≤0.40	1.70~2.00			0.10~0.25	780~810 油	≥62	150~200	60~62	制作小冲模、冷压模、雕刻模、各种变形小的量规、丝锥、板牙和铰刀等
CrWMn	0.90~1.05	≤0.40	0.80~1.10	0.90~1.20	1.20~1.60		800~830 油	≥62	140~160	62~65	制作板牙、拉刀、量规和形状复杂高精度的冲模等

2. 高速工具钢

（1）工作条件及性能要求 高速工具钢是高速切削用钢的简称，因用它制作的刀具能

够承受更高的切削速度而得名，淬火时即使在空气中冷却也能硬化，而且切削刃很锋利。在高速切削产生高热情况下仍能保持高的硬度。

（2）化学成分 高速工具钢中碳的质量分数较高（$w_C = 0.7\% \sim 1.65\%$），能形成强硬的马氏体基体和合金碳化物，提高钢的硬度、耐磨性及热硬性。合金元素 Cr 能提高钢的淬透性；W 或 Mo 能使钢产生二次硬化，保证高的热硬性；V 能形成硬度极高的细小碳化物，提高钢的耐磨性和热硬性；Co 能提高钢的热硬性和二次硬度，还可提高钢的耐磨性和导热性，并改善切削加工性能。

（3）高速工具钢的铸态组织和锻造 最常见的高速工具钢 W18Cr4V 属于莱氏体钢，其铸态组织为亚共晶组织，如图 7-17 所示，由鱼骨状莱氏体与树枝状 M+T 组成。粗大鱼骨状的合金碳化物，使钢的脆性增大，它的分布只能由锻造来打碎。因此，高速工具钢的锻造，既是为了成形，也是为了将粗大的莱氏体的碳化物破碎为比较细小和均匀分布的粒状碳化物。高速工具钢的淬透性很高，锻造后必须缓慢冷却，以免开裂。

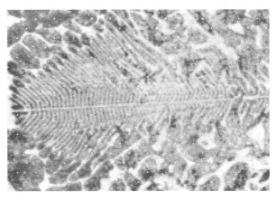

图 7-17 W18Cr4V 钢的铸态组织

（4）热处理工艺 对于 W18Cr4V，一般加工工艺路线为：下料→锻造→等温退火→机加工→淬火→回火→磨削，其热处理工艺曲线如图 7-18 所示。

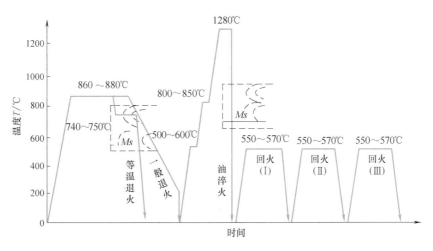

图 7-18 W18Cr4V 的热处理工艺曲线

1）退火。高速工具钢锻造后必须进行退火，目的是改善切削加工性能，消除残余应力，为淬火做好组织准备。退火后的组织是索氏体+粒状碳化物，硬度为 207~267HBW，如图 7-19 所示。

2）淬火和回火。高速工具钢的淬火加热温度高（1200℃以上），回火温度高（560℃左右），回火次数多（三次）。

加热温度高，可使大量难熔合金碳化物充分溶入奥氏体中，淬火后可得到高硬度的马氏体，淬火后的组织是马氏体、碳化物和残留奥氏体，如图 7-20 所示。

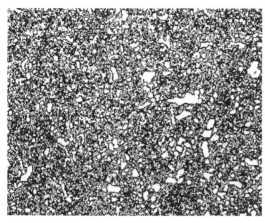

图 7-19　W18Cr4V 的退火组织

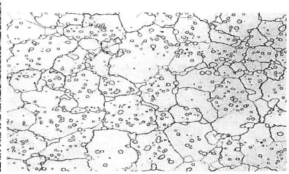

图 7-20　高速工具钢的淬火及回火组织

回火时，将得到高的热硬性。多次回火可消除大量的残留奥氏体，还可将前一次回火过程中形成的马氏体转变成回火马氏体，从而降低内应力，提高强韧性，如图 7-21 所示。

高速工具钢淬火及回火后的组织是回火马氏体、合金碳化物及少量的残留奥氏体，如图 7-22 所示。由于高速工具钢的导热性差，在淬火加热时要进行预热，以减小热应力，防止其开裂。

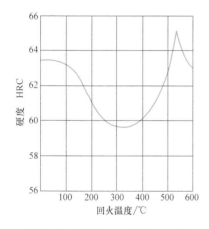

图 7-21　W18Cr4V 的回火曲线

图 7-22　W18Cr4V 的回火组织

常用高速工具钢的牌号、化学成分、热处理工艺和用途见表 7-12。

表 7-12　常用高速工具钢的牌号、化学成分、热处理工艺和用途

牌号	化学成分 (质量分数,%)					热处理工艺				应　用
						淬火		回火		
	C	Cr	W	V	Mo	温度/℃	HRC	温度/℃	HRC	
W18Cr4V	0.73~ 0.83	3.80~ 4.50	17.20~ 18.70	1.00~ 1.20	—	1260~ 1280 油	≥63	550~ 570 （三次）	≥63	制作中速切削用车刀、刨刀、钻头和铣刀等

（续）

牌号	化学成分（质量分数,%）					热处理工艺				应 用
						淬火		回火		
	C	Cr	W	V	Mo	温度/℃	HRC	温度/℃	HRC	
W6Mo5Cr4V2	0.80~0.90	3.80~4.40	5.50~6.75	1.75~2.20	4.50~5.50	1210~1230 油	≥63	540~560（三次）	≥64	制作要求耐磨性和韧性相配合的中速切削刀具,例如丝锥和钻头等
W6Mo5Cr4V3	1.15~1.25	3.80~4.50	5.90~6.70	2.70~3.20	4.70~5.20	1200~1220 油	≥63	540~560（三次）	≥64	制造要求耐磨性和热硬性较高、耐磨性和韧性很好配合的形状稍微复杂的刀具
W9Mo3Cr4V	0.77~0.87	3.80~4.40	8.50~9.50	1.30~1.70	2.70~3.30	1220~1240 油	≥63	540~560（三次）	≥64	通用型高速工具钢

三、合金模具钢

1. 冷作模具钢

模具钢是用来制造各种成形工件模具的钢种。图 7-23 所示为冷作模具钢的应用。

a) 冷压件

b) 汽车外板冷冲模

图 7-23　冷作模具钢应用

冷作模具钢主要用于制造使金属在冷态下成形的模具,例如冲裁模、冷镦模、拉深模和冷挤压模等,工作温度不超过 200~300℃。模具工作部分承受很大的压力和强烈的摩擦,要有高的硬度和耐磨性,通常要求硬度为 58~62HRC。模具工作时,还承受很大的冲击和负荷,甚至有较大的应力集中,因此冷作模具钢要具有较高的强度和韧度。同时要求冷作模具钢的热处理变形小,淬透性高。

（1）化学成分　冷作模具钢中碳的质量分数较高,多在 1.0% 以上,个别甚至达到 2.0%,目的是保证高的硬度和高耐磨性。加入 Cr、Mo、W 和 V 等合金元素可形成难熔碳化物,从而提高耐磨性。

（2）热处理工艺　以 Cr12 为例，Cr12 属于莱氏体钢，因此需通过反复锻造来破碎网状共晶碳化物，并使其分布均匀。锻造后应进行等温球化退火，退火组织为球状珠光体+均匀分布的碳化物。

常用冷作模具钢的牌号、化学成分、热处理工艺、力学性能和用途见表 7-13。

表 7-13　常用冷作模具钢的牌号、化学成分、热处理工艺、力学性能和用途

牌　　号		9Mn2V	9CrWMn	Cr12	Cr12MoV	
化学成分（质量分数,%）	C	0.85~0.95	0.85~0.95	2.00~2.30	1.45~1.70	
	Si	≤0.04	≤0.04	≤0.04	≤0.04	
	Mn	1.70~2.00	0.90~1.20	≤0.04	≤0.04	
	Cr	—	0.50~0.80	11.50~13.00	11.00~12.50	
	Mo	—	—	—	0.40~0.60	
	W	—	0.50~0.80	—	—	
	V	0.10~0.25	—	—	0.15~0.30	
退火	温度/℃	750~770	760~790	870~900	850~870	
	硬度 HBW	≤229	197~241	217~269	207~255	
淬火	温度/℃	780~810	800~830	950~1000	950~1000	1115~1130
	冷却介质	油	油	油	油	硝盐
回火	温度/℃	150~200	150~260	200~450	150~425	510~520
	硬度 HRC	60~62	57~62	58~64	55~63	60~62
用　　途		尺寸较小的冲模、冷压模和落料模	截面不大而变形复杂的冲模	受冲击负荷较小及要求较高耐磨性的冲模及冲头、冷剪切刀、钻套、拉丝模等	冲模、压印模、冷镦模和冷挤压模	拉丝模和拉延模

小型模具一般采用 9Mn2V、9SiCr、CrWMn 等，大型模具一般采用 Cr12、Cr12MoV 等，其热处理变形小。

2. 热作模具钢

热作模具钢主要用于制造在高温下使金属材料成形的模具，如热锻模、热挤压模、热冲裁模和金属压铸模。图 7-24 所示为汽车四缸压铸模。

热作模具在工作时受到比较高的冲击载荷，同时模腔表面要与炽热金属接触并发生摩擦，还要不断反复受热与冷却，故要求热作模具钢具有较高的综合力学性能，如高的热硬性、高温耐磨性、高的抗氧化性能、高的热强性和足够的韧性。此外，由于热作模具一般较大，因此热作模具钢还必须有高的淬透性和良好的导热性。

（1）化学成分　热作模具钢中碳的质量分数一般为 0.3%~0.6%，是中碳钢，以保证其具有高强度、高韧性，较高的硬度（35~52HRC）和较高的热疲劳抗力，从而获得良好的综合力学性能。

合金元素有 Cr、Mn、Ni、Mo、W、Si 和 V 等。

（2）热处理工艺　热锻模是在高温下通过冲击压力迫使金属成形的热作模具。常用的

图 7-24　汽车四缸压铸模

钢种有 5CrMnMo 和 5CrNiMo。预备热处理为锻后退火，以消除锻造残余应力，降低硬度，改善切削加工性能。最终热处理为淬火后回火。回火温度视模具大小确定。采用 5CrMnMo 制作热锻模的淬火及回火工艺曲线如图 7-25 所示。

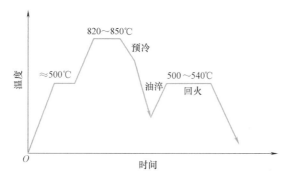

图 7-25　采用 5CrMnMo 制作热锻模的淬火及回火工艺曲线

常用热作模具钢的牌号、化学成分、热处理工艺、力学性能和用途见表 7-14。

表 7-14　常用热作模具钢的牌号、化学成分、热处理工艺、力学性能和用途

牌　号		5CrMnMo	5CrNiMo	3Cr2W8V	4Cr5MoSiV	3Cr3Mo3V
化学成分（质量分数,%）	C	0.50~0.60	0.50~0.60	0.30~0.40	0.33~0.43	0.28~0.35
	Si	0.25~0.60	≤0.40	≤0.40	0.80~1.20	0.10~0.40
	Mn	1.20~1.60	0.50~0.80	≤0.40	0.20~0.50	0.15~0.45
	Cr	0.60~0.90	0.50~0.80	2.20~2.70	4.75~5.50	2.70~3.20
	Mo	0.15~0.30	0.15~0.30	—	1.10~1.60	2.50~3.00
	W	—	—	7.50~9.00	—	—
	V	—	—	0.20~0.50	0.30~0.60	0.40~0.70
	Ni	—	1.40~1.80	—	—	—
退火	温度/℃	780~800	780~800	830~850	840~900	845~900
	硬度 HBW	197~241	197~241	≤255	≤229	≤229

（续）

牌　号		5CrMnMo	5CrNiMo	3Cr2W8V	4Cr5MoSiV	3Cr3Mo3V
淬火	温度/℃	820~850	830~860	1075~1125	1000~1025	1010~1050
	冷却介质	油	油	油	油	油
回火	温度/℃	490~640	490~660	600~620	540~650	550~600
	硬度 HRC	30~47	30~47	50~54	40~54	40~54
用　途		中型锻模（模高为275~400mm）	大型锻模（模高>400mm）	压铸模、精锻模或高速锻模和热挤压模	铝压铸模、热挤压模和精锻模	镦锻模、热挤压模和压铸模

四、合金量具钢

量具钢主要用于制造各种测量工具，如游标卡尺、千分尺、块规、样板等。量具在使用过程中主要受摩擦作用，易磨损，承受外力很小，但有时也会受到碰撞，因而要求量具钢必须具有高的硬度（60~65HRC）、耐磨性和足够的韧性，高的尺寸精度与稳定性，一定的淬透性，较小的淬火变形和良好的耐蚀性，以及良好的磨削加工性能等。

1. 化学成分

合金量具钢中碳的质量分数为 0.9%~1.5%，是高碳钢，以保证高硬度和高耐磨性要求，加入 Cr、W、Mn 等合金元素，以提高淬透性。碳素工具钢、低合金刀刃钢和滚动轴承钢等也可以用来制作各种量具。

2. 热处理工艺

合金量具钢热处理工艺的关键在于保证量具的精度和尺寸稳定性，因此，常采用先球化退火后淬火、低温回火的方法，并附加三个热处理工序：淬火之前的调质处理、常规淬火之后的冷处理、常规热处理后的时效处理。其中，调质处理可减小淬火应力和变形；冷处理可使残留奥氏体转变成马氏体，以提高硬度、耐磨性和尺寸稳定性，冷处理应在淬火后立即进行；时效处理可稳定马氏体和残留奥氏体，并消除淬火应力，时效处理通常在淬火及回火后进行。量具经磨削后，还要在 120~130℃ 下人工时效 8h，以消除磨削应力、稳定尺寸。

五、特殊性能钢

特殊性能钢具有特殊的物理性能或化学性能，用来制造除要求有一定的力学性能外，还要具有一定特殊性能的零件。工程中常用的特殊性能钢有不锈钢、耐热钢、耐磨钢等。

1. 不锈钢

通常所说的不锈钢，是不锈钢和耐酸钢的总称。不锈钢是指能抵抗大气、蒸汽和水等弱腐蚀介质的钢。耐酸钢是指在酸、碱、盐等强腐蚀介质中耐蚀的钢。一般来说，不锈钢不一定耐酸，但耐酸钢大都有良好的耐蚀性能。

（1）不锈钢的牌号　不锈钢的牌号由数字+合金元素符号+数字组成。前一组数字是以名义千分数表示的碳的质量分数，合金元素的表示方法与其他合金钢相同。

（2）常用的不锈钢的种类

1）按化学成分不同，可分为铬不锈钢、镍铬不锈钢、锰铬不锈钢等。

2）按金相组织特点不同，可分为马氏体型不锈钢、铁素体型不锈钢、奥氏体型不锈钢及奥氏体-铁素体型不锈钢四种类型。

① 铁素体型不锈钢。属于铬不锈钢。这类钢含碳量低（$w_C < 0.15\%$），含铬量高（$w_{Cr} = 12\% \sim 30\%$），常用牌号有10Cr17等，从室温加热到高温（$960 \sim 1100℃$），其组织都是铁素体，所以不能用热处理方法进行强化，通常在退火状态下使用。这类钢抗大气与酸的能力强，耐蚀性（因其含铬量高，是单相铁素体，故耐蚀性优于马氏体型不锈钢）、高温抗氧化性、塑性和焊接性好，但强度低，可用形变强化提高强度。

② 奥氏体型不锈钢。属于镍铬不锈钢，一般情况下 $w_{Cr} = 17\% \sim 19\%$，$w_{Ni} = 8\% \sim 11\%$，简称 18-8 型不锈钢，其常用牌号有 06Cr19Ni10、12Cr18Ni9、17Cr18Ni9、06Cr18Ni11Ti、07Cr19Ni11Ti。这类钢低碳、高镍，因镍扩大了奥氏体区，经适当热处理后，可获得单相奥氏体组织，从而使钢具有很好的耐蚀性和耐热性，优良的抗氧化性和较高的力学性能，在室温及低温下，其韧性、塑性和焊接性也是铁素体型不锈钢不能比拟的。因此在工业上应用最广。

③ 马氏体型不锈钢。这种钢高温加热后都得到单相奥氏体，淬火后能得到马氏体。常用钢种为 Cr13 型钢，牌号有 12Cr13、20Cr13、30Cr13 和 40Cr13。钢中 $w_{Cr} \approx 13\%$，其作用是溶入固溶体后，提高铁素体基体的电极电位和使钢表面钝化；钢中 $w_C = 0.1\% \sim 0.4\%$，其作用是提高钢的强度和耐磨性，但随着碳的质量分数的增加，钢的强度、硬度、耐磨性提高，而耐蚀性下降，只在氧化性介质中耐蚀。这类钢在锻造后需退火，以降低硬度、改善切削加工性能。在冲压后也需进行退火，以消除硬化、提高塑性，便于进一步加工。

常用的不锈钢的牌号、化学成分、热处理工艺、力学性能及用途见表7-15。

2. 耐热钢

耐热钢是指在高温下具有高的热稳定性和热强性的特殊性能钢，包括抗氧化钢和热强钢。抗氧化钢是指在高温下抗氧化或抗高温介质腐蚀而不破坏的钢。热强钢是指在高温下有一定抗氧化能力并具有足够强度而不产生大量变形或断裂的钢。图7-26所示为采用耐热钢制作的零部件。

（1）抗氧化钢　按使用时的组织状态不同，抗氧化钢可分为铁素体型和奥氏体型两种类型。它们的抗氧化性能很好，最高工作温度可达1000℃，常以铸件的形式使用，主要热处理工艺是固溶处理。

a)汽轮机叶片　　　　　　　　　　　　　　b)过热器

图 7-26　耐热钢应用

表 7-15 常用的不锈钢的牌号、化学成分、热处理工艺、力学性能及用途

类别	牌号	化学成分(质量分数,%)						热处理工艺				力学性能						用途举例
		C	Si	Mn	Cr	Ni	其他	退火温度/℃	固溶处理温度/℃	淬火温度/℃	回火温度/℃	R_m/MPa	$R_{p0.2}$/MPa	A(%)	Z(%)	KU/J	HBW	
												不小于					不大于	
铁素体型	10Cr17	0.12	1.0	1.00	16.00~18.00	(0.60)		780~850,空冷或缓冷				450	205	22	50	—	183	耐蚀性良好的通用不锈钢,用于建筑内装饰、家用电器、家庭用具等
	008Cr30Mo2	0.010	0.10	0.40	28.50~32.00	—	Mo:1.50~2.50	900~1050,快冷				450	295	20	45	—	228	耐蚀性很好,并有良好的韧性,用于耐有机酸、苛性碱设备等
马氏体型	12Cr13	0.15	1.00	1.00	11.50~13.50	(0.60)		800~900缓冷或约750快冷		950~1000油冷	700~750快冷	540	345	22	55	78	200	良好的耐蚀性和切削加工性能。制作一般用途零件和刃具、螺栓、螺母、日常生活用品等
	30Cr13	0.26~0.35	1.00	1.00	12.00~14.00	(0.60)				920~980油冷	600~750快冷	735	540	12	40	24	235	制作硬度较高的耐蚀及耐磨刀具、量具、弹簧、阀座、阀门、医疗器械等
	68Cr17	0.60~0.75	1.00	1.00	16.00~18.00	(0.60)	Mo:(0.75)	800~920缓冷		1010~1070油冷	100~180快冷	—	—	—	—	—	255	淬火及回火后,强度、韧性、硬度较好。可制作刀具、量具、轴承等
	108Cr17	0.95~1.20	1.00	1.00	16.00~18.00	(0.60)	Mo:(0.75)					—	—	—	—	—	269	在所有不锈钢和耐蚀钢中硬度最高。主要用于制作喷嘴、轴承等

组织类型	牌号	C	Si	Mn	Cr	Ni	其他	热处理/℃	σb	σs	δ	ψ		硬度	应用举例
奥氏体型	12Cr18Ni9	0.15	1.00	2.00	17.00~19.00	8.00~10.00		1010~1150,快冷	520	205	40	60	—	187	冷加工后有较高的强度,用于建筑物外表装饰材料,也可用于无磁部件和低温装置的部件
	06Cr19Ni10	0.08	1.00	2.00	18.00~20.00	8.00~11.00		1010~1150,快冷	520	205	40	60	—	187	应用最广泛的不锈钢,制作食品、化工、核能设备的零件
	022Cr19Ni10	0.030	1.00	2.00	18.00~20.00	8.00~12.00		1010~1150,快冷	480	175	40	60	—	187	碳的质量分数低,耐晶界腐蚀,制作焊后不能进行固溶处理的耐蚀设备和部件
奥氏体-铁素体型	022Cr25Ni6Mo2N	0.030	1.00	2.00	24.00~26.00	5.50~6.50	Mo:1.20~2.50 N:0.10~0.20	950~1200,快冷	620	450	20	—	—	260	具有双相组织,抗氧化性及耐点蚀性好、强度高,制作热交换器、蒸发器等
	022Cr19Ni5Mo3Si2N	0.03	1.30~2.00	1.00~2.00	18.00~19.50	4.50~5.50	Mo:2.50~3.00 N:0.05~0.12	920~1150,快冷	590	390	20	40	—	290	耐应力腐蚀破裂性好,具有较高的强度,适用于含氯离子的环境,用于炼油、化肥、造纸、石油等工业制造热交换器和冷凝器等

注：表中所列成分除标明范围或最小值外，其余均为最大值。括号内的值为允许添加的最大值。

表 7-16 常用耐热钢的牌号、化学成分、热处理工艺、力学性能及用途

类别	牌号	化学成分（质量分数,%）						热处理工艺				力学性能						用途
		C	Mn	Si	Ni	Cr	其他	退火温度/℃	固溶处理温度/℃	淬火温度/℃	回火温度/℃	R_m/MPa	R_{eL} 或 $R_{p0.2}$/MPa	A(%)	Z(%)	KU/J	HBW	
														不小于			不大于	
珠光体型	15CrMo	0.12~0.18	0.40~0.70	0.17~0.37		0.80~1.10	Mo:0.40~0.55			900,空冷	650,空冷	440	295	22	60	94	179	用于550℃以下锅炉受热管、垫圈等
	12CrMoV	0.08~0.15	0.40~0.70	0.17~0.37		0.30~0.60	Mo:0.25~0.35 V:0.15~0.30			970,空冷	750,空冷	440	225	22	50	78	241	用于570℃以下汽轮机叶片、过热器管、导管等
马氏体型	12Cr13	0.08~0.15	1.00	1.00	(0.60)	11.50~13.50		800~900缓冷或约750快冷		950~1000油冷	700~750快冷	540	345	22	55	78	200	用于800℃以下耐氧化用部件
	42Cr9Si2	0.35~0.50	0.70	2.00~3.00	0.60	8.00~10.00		—		1020~1040油冷	700~780油冷	885	590	19	50	—	269	有较高的热强性,用于750℃以下内燃机进气阀或轻载荷发动机排气阀
	14Cr11MoV	0.11~0.18	0.60	0.50	0.60	10.00~11.50	Mo:0.50~0.70 V:0.25~0.40	—		1050~1100空冷	720~740空冷	685	490	16	55	47	200	兼有热强性、组织稳定性和减振性,用于制作汽轮机叶片和导向叶片

类别	牌号	C	Mn	Si	Ni	Cr	其他	热处理/℃		Rm	Rp	A	Z		HBW	用途及特性
奥氏体型	06Cr18Ni11Ti	0.08	2.00	1.00	9.00~12.00	17.00~19.00	Ti:$5w_C$~0.7	920~1150,快冷		520	205	40	50	—	187	有良好的耐热性和耐蚀性。用于制作加热炉管，燃烧室筒体，退火炉罩等
	06Cr25Ni20	0.08	2.00	1.50	19.00~22.00	24.00~26.00		1030~1180,快冷		520	205	40	50	—	187	抗氧化性好，可承受1035℃高温，可用作炉用材料、汽车净化装置材料
	26Cr18Mn12Si2N	0.22~0.30	10.50~12.50	1.40~2.20		17.00~19.00	N:0.22~0.33	1100~1150,快冷		685	490	35	45	47	248	有较高的热强性，具有抗氧化性，抗硫性和抗增碳性。用于渗碳炉构件，加热炉传送带、料盘、炉爪等，最高使用温度为1000℃
铁素体型	10Cr17	0.12	1.00	1.00		16.00~18.00		780~850,空冷或缓冷		450	205	22	50	—	183	用于900℃以下的抗氧化部件，如散热器、炉用部件
	022Cr12	0.03	1.00	1.00		11.00~13.50		700~820,空冷或缓冷		360	195	22	60	—	183	用于抗高温氧化且要求焊接的部件，如汽车排气净化装置、燃烧室、喷嘴

注：表中所列成分标明范围或最小值外，其余均为最大值，括号内的值为可加入的最大值。

1）铁素体型耐热钢主要含有铬元素，以提高钢的氧化性。钢经退火后可制作在900℃以下工作的耐氧化零件，如散热器等。常用牌号有10Cr17等，10Cr17可长期在580~650℃温度范围下使用。

2）奥氏体型耐热钢主要含有较多的铬和镍。此类钢的工作温度为650~700℃，常用于制作锅炉等零件。常用牌号有06Cr18Ni11Ti等。

（2）热强钢　按正火状态下组织的不同，可分为珠光体热强钢、马氏体热强钢和奥氏体热强钢。

1）珠光体热强钢属于低碳合金钢，工作温度为450~550℃，具有较高的热强性。

2）马氏体热强钢中合金元素的质量分数较高，抗氧化性及热强性均高，淬透性也很好，工作温度小于650℃，多在调质状态下使用。

3）奥氏体热强钢中合金元素的质量分数很高，切削加工性能差，热强性高，在高温和室温下的塑性、韧性好，并且有较好的焊接性及冷加工成形性等。这类钢一般需进行固溶处理或固溶加时效处理，以稳定组织。

常用耐热钢的牌号、化学成分、热处理工艺、力学性能及用途见表7-16。

3. 耐磨钢

耐磨钢是指在强烈冲击载荷作用下才能产生硬化的高锰钢。

高锰钢的铸态组织基本上由奥氏体和残留碳化物（Fe，Mn）$_3$C组成。为消除碳化物并获得单相的奥氏体组织，高锰钢采用水韧处理，即将铸件加热至1000~1100℃后，在高温下保温一段时间，使碳化物全部溶解，然后在水中快冷，室温下可得到均匀且单一的奥氏体组织。此时钢的硬度很低（约为210HBW），而塑性和韧性很好。

在工作中受到强烈冲击或强大压力而变形时，高锰钢的表面层产生强烈的加工硬化，并且还伴随着马氏体转变，使硬度显著提高（450~550HBW），心部则仍保持原来的高韧性状态。但是如果没有外加压力或冲击力，或者压力和冲击力很小，高锰钢的加工硬化特征不明显，马氏体转变不能发生，其高耐磨性能就不能充分显示出来，甚至不及一般的马氏体组织钢或合金耐磨铸铁。

高锰钢主要用于制造坦克及拖拉机履带、碎石机颚板、铁路道岔、挖掘机斗齿、保险箱钢板及防弹板等。

高锰钢由于加工硬化效果明显，切削加工很困难，一般多采用铸造的方法成形。铸造高锰钢的牌号、化学成分及力学性能见表7-17。

表7-17　铸造高锰钢的牌号、化学成分及力学性能

牌号	化学成分（质量分数，%）					力学性能			
	C	Mn	Si	S	P	抗拉强度 R_m/MPa	伸长率 A（%）	冲击吸收能量 KU_2/J	HBW
						不小于			不大于
ZG120Mn13	1.00~1.35	11.00~14.00	0.3~0.9	≤0.040	≤0.060	637	20	184	229
ZG110Mn13	0.90~1.20					686	25		
ZG100Mn13	0.90~1.05					735	35		
ZG120Mn13Cr2	1.05~1.35						20	—	300

【小结】

1. 合金钢的分类

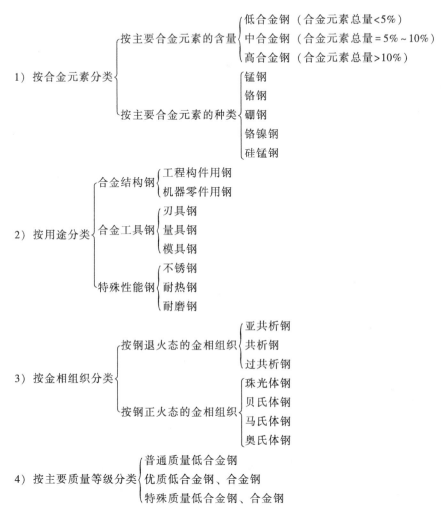

1）按合金元素分类
　　按主要合金元素的含量
　　　　低合金钢（合金元素总量<5%）
　　　　中合金钢（合金元素总量 = 5% ~ 10%）
　　　　高合金钢（合金元素总量>10%）
　　按主要合金元素的种类
　　　　锰钢
　　　　铬钢
　　　　硼钢
　　　　铬镍钢
　　　　硅锰钢

2）按用途分类
　　合金结构钢
　　　　工程构件用钢
　　　　机器零件用钢
　　合金工具钢
　　　　刃具钢
　　　　量具钢
　　　　模具钢
　　特殊性能钢
　　　　不锈钢
　　　　耐热钢
　　　　耐磨钢

3）按金相组织分类
　　按钢退火态的金相组织
　　　　亚共析钢
　　　　共析钢
　　　　过共析钢
　　按钢正火态的金相组织
　　　　珠光体钢
　　　　贝氏体钢
　　　　马氏体钢
　　　　奥氏体钢

4）按主要质量等级分类
　　普通质量低合金钢
　　优质低合金钢、合金钢
　　特殊质量低合金钢、合金钢

2. 教学重点

1）合金结构钢的热处理工艺特点。

2）合金工具钢的热处理工艺特点。

【综合训练】

一、选择题

1. 牌号 08 中，08 表示平均碳的质量分数为（　　　）。

　　A. 0.08%　　　　　　　　B. 0.8%　　　　　　　　C. 8%

2. 在下列三种钢中，（　　）的弹性最好，（　　）的硬度最高，（　　）的塑性最好。

　　A. T10　　　　　　　　B. 20 钢　　　　　　　　C. 65 钢

3. 选择制造下列零件的材料：冷冲压件采用（　　　），齿轮采用（　　　），小弹簧采用

（　　）。

   A. 08 钢　　　　　　　　　B. 70 钢　　　　　　　　　C. 45 钢

4. 选择制造下列工具所用的材料：木工工具采用（　　），锉刀采用（　　），手锯锯条采用（　　）。

   A. T9A　　　　　　　　　B. T10　　　　　　　　　C. T12

5. 合金渗碳钢渗碳后必须进行（　　）后才能使用。

   A. 淬火加低温回火　　　B. 淬火加中温回火　　　C. 淬火加高温回火

二、判断题

1. T10 钢中碳的质量分数是 10%。（　　）

2. 碳素工具钢都是优质或高级优质钢。（　　）

3. 碳素工具钢中碳的质量分数一般都大于 0.7%。（　　）

4. 工程用铸钢可用于铸造生产形状复杂而力学性能要求较高的零件。（　　）

5. 用 Q345 制造的自行车车架，比用 Q235 制造的轻。（　　）

6. 3Cr2W8V 一般用来制造冷作模具。（　　）

7. GCr15 是滚动轴承钢，其中 Cr 的质量分数是 15%。（　　）

8. 由于 Cr12MoV 中 Cr 的质量分数大于 11.7%，因而 Cr12MoV 属于不锈钢。（　　）

9. Cr12MoV 在锻造后空冷即可。（　　）

10. 06Cr18Ni11Ti 不仅可用作不锈钢，还可用作耐热钢制造内燃机排气阀。（　　）

三、简答题

1. W18Cr4V 的 Ac_1 约为 820℃，若以一般工具钢 Ac_1+（30~50）℃ 常规方法来确定淬火加热温度，在最终热处理后能否达到高速切削刀具所要求的性能？为什么？W18Cr4V 制刀具在正常淬火后都要进行 560℃ 三次回火，又是为什么？

2. 为什么碳的质量分数不大于 0.40%、铬的质量分数为 12% 的铬钢属于过共析钢，而碳的质量分数为 1.5%、铬的质量分数为 12% 的钢属于莱氏体钢？

3. 高速工具钢在热锻或热轧后，经空冷，将获得什么组织？

4. 模具钢有哪些类型？冷作模具钢和热作模具钢的性能要求有什么不同？

模块八
CHAPTER 8

铸铁

【学习目标】

1. 知识目标

1）掌握铸铁的概念及分类。

2）掌握常用铸铁的性能。

2. 技能目标

掌握常用铸铁的选用方法及热处理工艺规范。

单元一　铸铁的概念及分类

一、铸铁的概念

在一辆汽车上，重量占比为 50%~70% 的金属材料为铸铁，例如气缸体、变速器箱体、曲轴等。铸铁是碳的质量分数大于 2.11% 的铁碳合金，以铁、碳、硅为主要组成元素，并比碳钢含有较多的硫、磷等杂质元素的多元合金，为了提高铸铁的力学性能或改善其物理化学性能，常加入一定量的合金元素（锰、硫、磷），以获得合金铸铁。工业上常用铸铁的含碳量一般在 2.5%~4.0%（质量分数）范围内。同钢相比，虽然强度、塑性和韧性较低，但是铸铁熔炼简便，成本低廉，具有优良的铸造性能、很高的耐磨性、良好的减振性和切削加工性能等一系列的优点，因此获得较为广泛的应用，比如机床的床身、气缸、箱体、后桥壳底座、机用台虎钳的钳体等都是用铸铁制成的。

二、铸铁的分类

铸铁的分类方法很多，按化学成分不同，可分为普通铸铁和合金铸铁。按铸铁中碳的存在形式不同，可分为白口铸铁、灰铸铁和麻口铸铁。按生产方法不同，可分为普通灰铸铁、蠕墨铸铁、球墨铸铁、孕育铸铁和特殊性能铸铁等。

1．按碳存在的形式分类

（1）白口铸铁　白口铸铁中，少量的碳溶入铁素体，其余的碳都以渗碳体的形式存在于铸铁中，故其断口呈亮白色。此类铸铁的组织都存在共晶莱氏体，凝固时收缩大，易产生缩孔和裂纹；硬度高，脆性大，不能承受冲击载荷，很难切削加工，因此很少直接用来制造各种零件。一般作为可锻铸铁的坯件和制作耐磨损的零部件。图 8-1 所示为白口铸铁的显微组织。

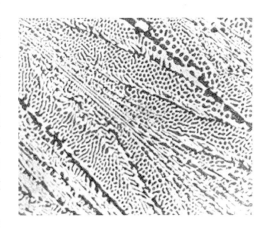

图 8-1　白口铸铁的显微组织

（2）灰铸铁　灰铸铁中的含碳量较高（$w_C = 2.7\% \sim 4.0\%$），碳全部或大部分以游离态的片状石墨形态存在，断口呈灰色，简称灰铁。灰铸铁的熔点低（1145~1250℃），凝固时收缩量小，抗压强度和硬度接近碳素钢，减振性好。由于片状石墨存在，故其耐磨性好，铸造性能和切削加工性能也较好。目前工业生产中主要应用这类铸铁。

（3）麻口铸铁　麻口铸铁中的碳以石墨和渗碳体的混合形式存在，故断口呈黑白相间的麻点。这类铸铁也具有较大的脆性，故工业上很少应用。

2．按石墨的形态分类

（1）普通灰铸铁　碳主要以呈片状的石墨形式存在，如图 8-2a 所示。

（2）蠕墨铸铁　将灰铸铁铁液经蠕化处理后获得，析出的石墨呈蠕虫状，如图 8-2b 所示。其力学性能与球墨铸铁相近，铸造性能介于灰铸铁与球墨铸铁之间。蠕墨铸铁用于制造汽车的零部件。

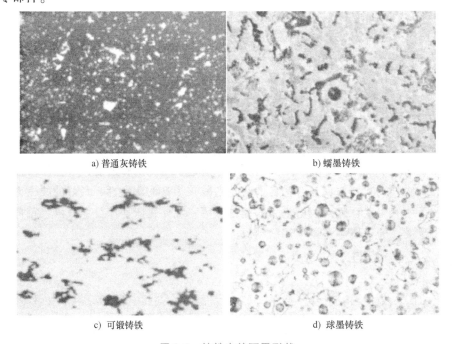

a) 普通灰铸铁　　　　b) 蠕墨铸铁

c) 可锻铸铁　　　　d) 球墨铸铁

图 8-2　铸铁中的石墨形状

（3）可锻铸铁　由白口铸铁退火处理后获得，析出的石墨呈团絮状分布，如图 8-2c 所示，简称韧铁。其组织性能均匀，耐磨损，具有良好的塑性和韧性。可锻铸铁用于制造形状复杂、能承受动载荷的零件。

（4）球墨铸铁　将灰铸铁铁液经球化处理后获得，析出的石墨呈球状，如图 8-2d 所示，简称球铁。碳全部或大部分以自由状态的球状石墨存在，断口呈银灰色，比普通灰铸铁具有较高的强度，较好的韧性和塑性。球墨铸铁用于制造内燃机、汽车零部件及农机具等。

3. 按化学成分分类

按化学成分不同，可分为普通铸铁和合金铸铁。

（1）普通铸铁　又可分为普通灰铸铁、蠕墨铸铁、可锻铸铁、球墨铸铁。

（2）合金铸铁　合金铸铁又称为特殊性能铸铁，可分为耐磨铸铁、耐热铸铁、耐蚀铸铁，由普通铸铁加入适量合金元素（如 Si、Mn、P、Ni、Cr、Mo、Cu、Al、B、V、Sn 等）获得。合金元素使铸铁的基体组织发生变化，从而具有相应的耐热、耐磨、耐蚀、耐低温或无磁等特性。合金铸铁用于制造矿山、化工机械、仪器、仪表等零部件。

三、铸铁的石墨化

1. 石墨化的概念

铸铁中的碳原子析出并形成石墨的过程，称为石墨化。常用 G 表示石墨。图 8-3 所示为石墨的晶体结构。石墨是碳的单质之一，其强度、塑性、韧性几乎为零。铸铁中的碳除少量固溶于基体中外，主要以化合态的渗碳体（Fe_3C）和游离态的石墨（G）两种形式存在。

铸铁在冷却过程中，可以从液相和奥氏体中析出 Fe_3C 或 C，还可以在一定条件下由 Fe_3C 分解得到 Fe 和 C。

2. 铁碳合金双重相图

实践证明，铸铁在冷却时，冷却速度越缓慢，析出石墨的可能性越大，可用 Fe-G 相图说明；冷却速度越快，析出渗碳体的可能性越大，可用 $Fe-Fe_3C$ 相图说明。为便于比较和应用，习惯上把这两个相图画在一起，称之为铁碳合金双重相图，如图 8-4 所示，其中虚线表

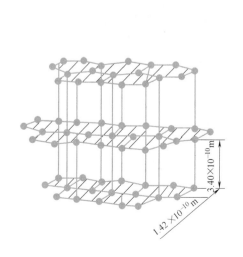

图 8-3　石墨的晶体结构

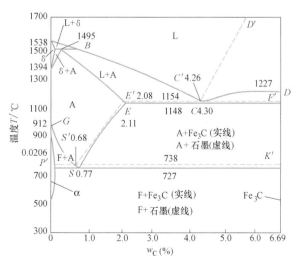

图 8-4　铁碳合金双重相图

示稳定态（Fe-G）相图，实线表示亚稳定态（Fe-Fe$_3$C）相图，虚线与实线重合的线用实线画出。碳的析出以哪一种方式进行，主要取决于铸铁的成分与保温、冷却条件。

3. 石墨化过程

（1）石墨化方式　铸铁的石墨化方式有以下两种。

1）按照 Fe-G 相图，由液相和奥氏体中直接析出石墨。例如灰铸铁和球墨铸铁中的石墨主要是从液相中析出的。

2）按照 Fe-Fe$_3$C 相图，结晶出渗碳体，随后渗碳体在一定条件下分解出石墨。可锻铸铁中的石墨就是白口铸铁退火时，由渗碳体分解得到的。

（2）石墨化过程　按照 Fe-G 相图，铸铁的石墨化过程分为以下三个阶段。

1）第一阶段石墨化。

① 对于过共晶成分合金而言，铁液冷至 $C'D'$ 线时，结晶出一次石墨 G$_I$。

② 对于各成分铸铁，在 1154℃（$E'C'F'$ 线）通过共晶反应形成共晶石墨，即

$$L_{C'} \xrightarrow{1154℃} A_{E'} + G_{共晶} \tag{8-1}$$

2）第二阶段石墨化。在 1154～738℃ 温度范围内，奥氏体沿 $E'S'$ 线析出二次石墨 G$_{II}$。

3）第三阶段石墨化。在 738℃（$P'S'K'$ 线），通过共析转变析出共析石墨，即

$$A_{S'} \xrightarrow{738℃} F_{P'} + G_{共析} \tag{8-2}$$

4. 影响石墨化的主要因素

（1）化学成分　按对石墨化的作用不同，可分为促进石墨化的元素（C、Si、Al、Cu、Ni、Co、P 等）和阻碍石墨化的元素（Cr、W、Mo、V、Mn、S 等）两大类。

1）C 和 Si 是强烈促进石墨化的元素；S 是强烈阻碍石墨化的元素，而且还会降低铁液的流动性和促进高温铸件开裂。

2）适量的 Mn 既有利于珠光体基体形成，又能消除 S 的有害作用。

3）P 是一个促进石墨化不太强的元素，能提高铁液的流动性，但当其质量分数超过奥氏体或铁素体的溶解度时，会形成硬而脆的磷共晶，使铸铁的强度降低、脆性增大。

总之，在生产中，C、Si、Mn 为调节组织元素，P 是控制使用元素，S 属于限制元素。

（2）石墨化温度　石墨化过程需要碳、铁原子的扩散，石墨化温度越低，原子扩散越困难，因而石墨化进程越慢，或者停止。尤其是第三阶段石墨化的温度较低，常常石墨化不充分。

（3）冷却速度　对于一定成分的铸铁，石墨化的程度取决于冷却速度。冷却速度越慢，越利于碳原子的扩散，促使石墨化进行。冷却速度越快，析出渗碳体的可能性就越大，这是由于渗碳体中的碳含量（$w_C = 6.69\%$）比石墨（$w_C = 100\%$）更接近于合金（$w_C = 2.5\% \sim 4.0\%$）。

影响冷却的因素主要有浇注温度、铸件壁厚、铸型材料等。当其他条件相同时，提高浇注温度，可使铸型温度升高，冷却速度减慢；铸件壁厚越大，冷却速度越慢；铸型材料的导热性越差，冷却速度越慢。

四、铸铁的组织与性能

1. 铸铁的组织

通常铸铁的组织可以认为是由钢的基体与不同形状、数量、大小及分布的石墨组成的。

石墨化程度不同，所得到的铸铁类型和组织也不同，见表 8-1。

表 8-1 铸铁经不同程度石墨化后所得到的组织

名称	石墨化程度			显微组织
	第一阶段	第二阶段	第三阶段	
灰铸铁	充分进行	充分进行	充分进行	F+G
	充分进行	充分进行	部分进行	F+P+G
	充分进行	充分进行	不进行	P+G
麻口铸铁	部分进行	部分进行	不进行	Ld'+P+G
白口铸铁	不进行	不进行	不进行	Ld'+P+Fe₃C

2. 铸铁的性能

灰铸铁的基体组织有珠光体、铁素体、铁素体+珠光体，经热处理后有马氏体、贝氏体等组织，它们相当于钢的组织。铸铁基体组织的类型和石墨的数量、形状、大小和分布状态决定了铸铁的性能。

（1）石墨的影响　石墨是碳的一种结晶形态，其碳的质量分数很高，$w_C \approx 100\%$，具有简单六方晶格。

由于石墨的硬度为 3~5HBW，抗拉强度 R_m 约为 20MPa，塑性和韧性极低，伸长率接近于零，从而导致铸铁的力学性能（如抗拉强度、塑性、韧性等）均不如钢，并且石墨数量越多，尺寸越大，分布越不均匀，对力学性能的削弱就越严重。

（2）基体组织的影响　对同一类铸铁来说，在其他条件相同的情况下，铁素体的数量越多，塑性越好；珠光体的数量越多，抗拉强度和硬度越高。由于片状石墨对基体的强烈割裂作用，因此只有当石墨为团絮状、蠕虫状或球状时，改变铸铁基体组织才能显示出对性能的影响。

单元二　常用铸铁材料

一、普通灰铸铁

普通灰铸铁俗称灰铸铁，简称灰铁，其生产工艺简单，铸造性能优良，在生产中应用最为广泛，约占铸铁总量的 80%。

1. 灰铸铁的成分与组织

一般铸铁的化学成分大致为 $w_C = 2.7\% \sim 3.6\%$，$w_{Si} = 1.0\% \sim 2.2\%$，$w_{Mn} = 0.5\% \sim 1.3\%$，$w_S < 0.15\%$，$w_P < 0.3\%$。其组织有铁素体灰铸铁（在铁素体基体上分布着片状石墨），珠光体+铁素体灰铸铁（在珠光体+铁素体基体上分布着片状石墨）和珠光体灰铸铁（在珠光体基体上分布着片状石墨），如图 8-5 所示。

2. 灰铸铁的性能

灰铸铁的组织相当于在钢的基体上分布着片状石墨。基体中含有比钢更多的硅和锰等元

a) 铁素体灰铸铁

b) 珠光体+铁素体灰铸铁

c) 珠光体灰铸铁

图 8-5　三种基体的灰铸铁的显微组织

素，由于这些元素可溶于铁素体而使基体强化，因此其基体的强度和硬度不低于相应的钢。石墨的强度、塑性、韧性极低，可近似地把它看成一些微裂纹，它不仅破坏了基体金属的连续性，同时很容易造成应力集中，使材料形成脆性断裂，如图 8-6 所示。因此，灰铸铁的抗拉强度、塑性及韧性都明显低于碳钢。石墨片的数量越多、尺寸越大、分布越不均匀，对基体的割裂作用越严重。但当石墨片很细，尤其相互连接时，也会使承载面积显著下降。因此，石墨片长度应以 0.03~0.25mm 为宜。石墨的存在，使灰铸铁的铸造性能、减摩性、减振性和

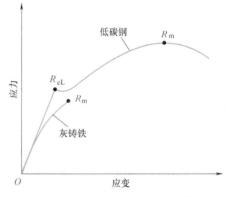

图 8-6　铸铁与低碳钢的应力-应变曲线

切削加工性能都高于碳钢，缺口敏感性也较低。灰铸铁的硬度和抗压强度主要取决于基体组织，而与石墨的存在基本无关。因此，灰铸铁的抗压强度约为抗拉强度的 3~4 倍。

3. 灰铸铁的牌号及用途

灰铸铁的牌号由 HT+数字组成。其中，HT 是"灰铁"二字的汉语拼音首位字母，数字表示 $\phi30mm$ 试棒的最小抗拉强度值（单位为 MPa）。例如 HT100 表示最小抗拉强度为 100MPa 的灰铸铁。常用灰铸铁的牌号、力学性能、组织及用途见表 8-2。

表 8-2　常用灰铸铁的牌号、力学性能、组织及用途

牌号	铸件壁厚/mm	抗拉强度 R_m/MPa	硬度 HBW	组织		用　途
				基体	石墨	
HT100	5~40	≥100	≤170	F+P(少)	粗片	低载荷和不重要的零件,例如盖、外罩、手轮、支架和重锤等
HT150	5~300	≥150	125~205	F+P	较粗片	承受中等应力(抗弯应力小于 100MPa)的零件,例如支柱、底座、齿轮箱、工作台、刀架、端盖、阀体、管路附件及一般无工作条件要求的零件
HT200	5~300	≥200	150~230	P	中等片	承受较大应力(抗弯应力小于 300MPa)和较重要的零件,例如气缸体、齿轮、机座、飞轮、床身、缸套、活塞、制动轮、联轴器、齿轮箱、轴承座和液压缸等
HT250	5~300	≥250	180~250	P	较细片	
HT300	10~300	≥300	200~275	P	细小片	承受高弯曲应力(小于 500MPa)及抗拉应力的重要零件,例如齿轮、凸轮、车床卡盘、剪床和压力机的机身、床身、高压液压缸及滑阀壳体等
HT350	10~300	≥350	220~290			

从表 8-2 可以看出，HT200 适用于汽车的气缸体、气缸盖、刹车轮等。HT300、HT350 等适用于大型发动机的气缸体、气缸盖、气缸套、油缸、泵体、阀体等。图 8-7 所示为汽车发动机上的灰铸铁零部件。

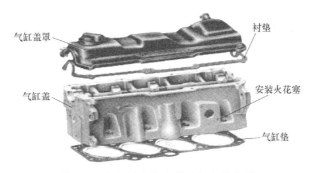

气缸盖罩　衬垫　气缸盖　安装火花塞　气缸垫

图 8-7　灰铸铁在汽车发动机上的应用

4. 灰铸铁的孕育处理

浇注时向铁液中加入少量孕育剂（如硅铁、硅钙合金等），改变铁液的结晶条件，以得到细小、均匀分布的片状石墨和细小的珠光体组织的方法，称为孕育处理。

孕育处理时，孕育剂及它们的氧化物使石墨片均匀细化，并使铸铁的结晶过程几乎在全部铁液中同时进行，避免铸件边缘及薄壁处出现白口组织，使铸件各个部位截面上的组织与性能均匀一致，提高了铸铁的强度、塑性和韧性，同时也降低了铸铁的断面敏感性。经孕育处理后的铸铁称为孕育铸铁，孕育处理对灰铸铁断面敏感性的影响如图 8-8 所示。

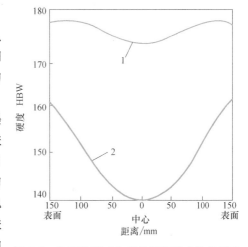

图 8-8　孕育处理对灰铸铁断面敏感性的影响
1—孕育处理后　2—孕育处理前

HT250、HT300、HT350 属于孕育铸铁，常用于制造力学性能要求较高、截面尺寸变化较大的大型铸件，例如气缸、曲轴、凸轮、机床床身等。图 8-9 所示为灰铸铁孕育处理前后的组织对比情况。

> 说明
> 经过孕育处理后，铸铁的强度有很大提高，塑性和韧性有所改善。因此，孕育铸铁常用作力学性能要求较高、截面尺寸变化较大的大型铸件。

5. 灰铸铁的热处理

由于热处理仅能改变灰铸铁的基体组织，改变不了石墨的形态，灰铸铁的强度只有碳钢的 30%~50%，因此用热处理来提高灰铸铁的力学性能的效果不大。灰铸铁的热处理常用于消除铸件的内应力和稳定尺寸，消除铸件的白口组织，改善其切削加工性能，提高铸件表面的硬度及耐磨性。灰铸铁常用的热处理有时效处理、石墨化退火和表面淬火等。

（1）时效处理　形状复杂、厚薄不均的铸件在冷却过程中，由于各部位冷却速度不同，

 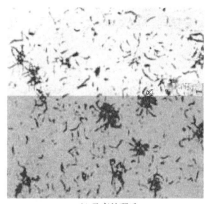

a) 孕育处理前   b) 孕育处理后

图 8-9　灰铸铁孕育处理前后的组织对比

形成内应力，既削弱了铸件的强度，又使得在随后的切削加工中，因应力的重新分布而引起铸件变形，甚至开裂。因此，铸件在成形后都需要进行时效处理，尤其对一些大型、复杂或加工精度较高的铸件（如机床床身、柴油机气缸等），在铸造后、切削加工前，甚至在粗加工后都要进行一次时效处理。

时效处理一般有自然时效和人工时效。自然时效是将铸件长期放置在室温下以消除其内应力的方法；人工时效是将铸件重新加热到 530~620℃，经长时间保温（2~6h）后在炉内缓慢冷却至 200℃ 以下再出炉空冷的方法。时效处理后可消除 90% 以上的内应力。时效温度越高，消除铸件残余应力的效果越显著，铸件尺寸稳定性也越好，但随着时效温度的提高，时效处理后铸件的力学性能会有所下降。

振动时效是目前生产中用来消除内应力的一种新方法。它是用振动时效设备，按照振动时效技术国家标准，使金属工件在半小时内进行近十万次较大振幅的低频亚共振振动，使工件产生微观塑性变形，从而降低和均化残余应力，防止工件在使用过程中发生变形。

（2）石墨化退火　石墨化退火一般是将铸件以 70~100℃/h 的速度加热至 850~900℃，保温 2~5h（取决于铸件壁厚），然后炉冷至 400~500℃ 后空冷，目的是消除灰铸铁件表层和薄壁处在浇注时产生的白口组织。

（3）表面淬火　有些铸件（如机床导轨、缸体内壁等）的表面需要高的硬度和耐磨性，可进行表面淬火处理，例如高频表面淬火、火焰淬火和激光淬火等。淬火前铸件需进行正火处理，以保证获得大于 65% 以上的珠光体组织；淬火后表面硬度可达 50~55HRC。

灰铸铁主要用于制造承受压力和振动的零件，例如机床床身、各种箱体、壳体、泵体、缸体，如图 8-10 所示。

二、球墨铸铁

球墨铸铁是石墨呈球状的灰铸铁。它是在浇注前向灰铸铁铁液中加入球化剂和孕育剂，从而获得具有球状石墨的铸铁。

球化剂是指能使石墨结晶成球状的物质。常用球化剂种类有镁、稀土和稀土镁合金。

孕育剂为硅铁合金。孕育处理的目的：首先是促进石墨化，其次是改善石墨的结晶条

a) 变速器箱体   b) 大型船用柴油机气缸体

图 8-10 灰铸铁的应用

件，使石墨球径变小、数量增多、形状圆整、分布均匀，显著改善球墨铸铁的力学性能。

1. 球墨铸铁的成分与组织

球墨铸铁的成分中，C、Si 的质量分数较高，Mn 的质量分数较低，S、P 的质量分数限制很严，同时含有一定量的 Mg 和稀土元素。球墨铸铁常见的基体组织有铁素体、铁素体+珠光体和珠光体三种类型。通过合金化和热处理后，还可获得下贝氏体、马氏体、托氏体、索氏体和奥氏体等基体组织的球墨铸铁，如图 8-11 所示。

在石墨球的数量、形状、大小及分布一定的条件下，珠光体球墨铸铁的抗拉强度比铁素

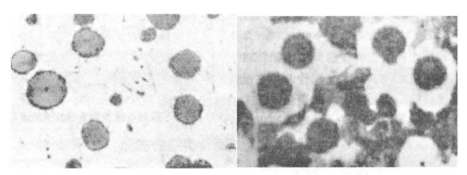

a) 铁素体球墨铸铁   b) 珠光体+铁素体球墨铸铁

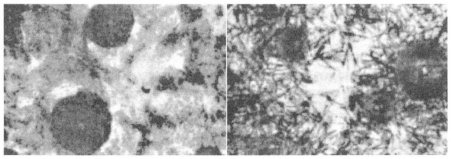

c) 珠光体球墨铸铁   d) 贝氏体球墨铸铁

图 8-11 球墨铸铁的显微组织示意图

体球墨铸铁的高50%以上，而铁素体球墨铸铁的伸长率是珠光体球墨铸铁的3~5倍。铁素体+珠光体球墨铸铁的性能介于二者之间。经热处理后，以马氏体为基体的球墨铸铁具有高硬度和高强度，但韧性很低；以下贝氏体为基体的球墨铸铁具有优良的综合力学性能。石墨球越细小，分布越均匀，越能充分发挥基体组织的作用。

2. 球墨铸铁的性能

球墨铸铁的金属基体强度的利用率可以高达70%~90%，而对于普通灰铸铁，仅为30%~50%。同其他铸铁相比，球墨铸铁的强度、塑性和韧性高，屈服强度也很高，屈强比可达0.7~0.8，比钢约高一倍，疲劳强度可接近一般中碳钢，耐磨性优于非合金钢，铸造性能优于铸钢，加工性能几乎可与灰铸铁媲美。因此，球墨铸铁在工农业生产中得到越来越广泛的应用，但其熔炼工艺和铸造工艺要求较高，有待于进一步改进。

3. 球墨铸铁的牌号及用途

球墨铸铁的牌号由QT+数字–数字组成。其中QT是"球铁"二字的汉语拼音首位字母，其后的第一组数字表示最小抗拉强度（MPa），第二组数字表示最小断后伸长率（%）。图8-12所示为球墨铸铁应用实例。

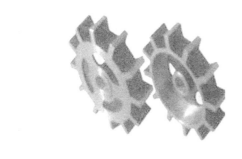 

a) 水泵叶轮　　　　　　　　　　　　　　b) 发动机飞轮

c) 曲轴

图8-12　球墨铸铁应用实例

球墨铸铁的牌号、力学性能和用途见表8-3。

表8-3　球墨铸铁的牌号、力学性能和用途

牌号	主要基体组织	力学性能				用途
		抗拉强度 R_m/MPa	屈服强度 $R_{p0.2}$/MPa	伸长率 A（%）	硬度 HBW	
QT400-18	铁素体	≥400	≥250	≥18	120~175	汽车、拖拉机轮毂、驱动桥壳、差速器壳，农机具零件，中低压阀门，上下水及输气管道，压缩机高低压气缸，齿轮箱等
QT400-15		≥400	≥250	≥15	120~180	
QT450-10		≥450	≥310	≥10	160~210	

（续）

牌号	主要基体组织	力学性能				用　途
		抗拉强度 R_m/MPa	屈服强度 R_{eL}/MPa	伸长率 A（%）	硬度 HBW	
QT500-7	铁素体＋珠光体	≥500	≥320	≥7	170～230	机器座架、传动轴、飞轮、内燃机机油泵齿轮
QT600-3		≥600	≥370	≥3	190～270	汽车、拖拉机曲轴、连杆、凸轮轴、气缸套、部分磨床、铣床、车床主轴、机床蜗杆、蜗轮、大齿轮、水轮机主轴、气缸体等
QT700-2	珠光体	≥700	≥420	≥2	255～305	
QT800-2	珠光体或索氏体	≥800	≥480	≥2	245～335	
QT900-2	回火马氏体或索氏体＋托氏体	≥900	≥600	≥2	280～360	高强度齿轮、汽车后桥螺旋锥齿轮、大减速器齿轮、内燃机曲轴等

4. 球墨铸铁的热处理

因为球状石墨对基体的割裂作用小，所以球墨铸铁的力学性能主要取决于基体组织。因此，通过热处理可显著改善球墨铸铁的力学性能。

（1）退火　球墨铸铁退火包括去应力退火和石墨化退火两种方法。

1）去应力退火。球墨铸铁的铸造内应力比灰铸铁约大两倍。对于不再进行其他热处理的球墨铸铁件，都要进行去应力退火。

2）石墨化退火。石墨化退火的目的是使铸态组织中的自由渗碳体和珠光体中的共析渗碳体分解，以获得高塑性的铁素体基体的球墨铸铁，消除铸造应力，并改善其加工性能。

当铸态组织为 P+F+G+Fe₃C 时，则进行高温退火，其工艺曲线和组织变化如图 8-13 所示。也可采用高温石墨化两段退火工艺，其工艺曲线如图 8-14 所示。

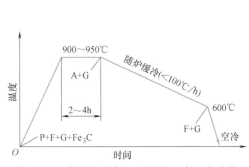

图 8-13　球墨铸铁高温石墨化退火工艺曲线

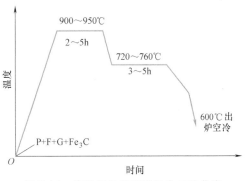

图 8-14　高温石墨化两段退火工艺曲线

当铸态组织为 P+F+G 时，则进行低温退火，使渗碳体分解，以获得铁素体基体，消除应力，并改善其加工性能，其工艺曲线如图 8-15 所示。

（2）正火　球墨铸铁正火的目的是将基体组织转变为细小的珠光体组织，以细化晶粒，提高球墨铸铁的强度、硬度和耐磨性。正火的工艺过程是将基体为铁素体及珠光体

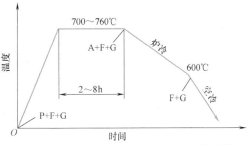

图 8-15　球墨铸铁低温石墨化退火工艺曲线

的球墨铸铁件重新加热到850~900℃，原铁素体及珠光体转变为奥氏体，并有部分球状石墨溶于奥氏体，经保温后空冷，奥氏体转变为细小的珠光体。正火可分为高温正火和低温正火两种方法。

1) 球墨铸铁高温正火工艺曲线如图8-16所示。对于厚壁铸件，应采用风冷，甚至喷雾冷却，以保证获得珠光体球墨铸铁。

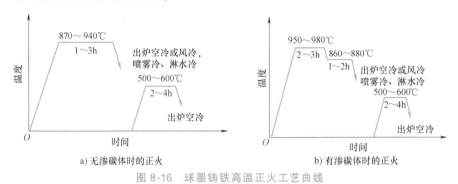

a) 无渗碳体时的正火   b) 有渗碳体时的正火

图 8-16　球墨铸铁高温正火工艺曲线

2) 球墨铸铁低温正火工艺曲线如图8-17所示。

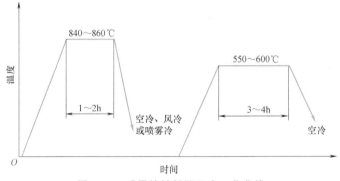

图 8-17　球墨铸铁低温正火工艺曲线

低温正火是将铸件加热至840~860℃，保温1~4h，出炉空冷，以获得珠光体+铁素体基体的球墨铸铁。

由于球墨铸铁的导热性较差，正火后铸件的内应力较大，因此正火后应进行一次消除应力退火。

（3）等温淬火　当铸件形状复杂且需要高的强度和较好的塑性、韧性时，可采用等温淬火。等温淬火是将铸件加热至860~920℃（奥氏体区），适当保温（热透），之后迅速放入250~350℃的盐浴炉中进行0.5~1.5h的等温处理，然后取出空冷，使过冷奥氏体转变为下贝氏体。等温淬火可防止铸件变形和开裂，提高铸件的综合力学性能，适用于形状复杂、易变形、截面尺寸不大、受力复杂、要求综合力学性能好的球墨铸铁件，例如齿轮、曲轴、滚动轴承套圈、凸轮轴等。

（4）调质处理　调质处理是将铸件加热到860~920℃，保温后油冷，然后在550~620℃高温回火2~6h，以获得回火索氏体和球状石墨组织的热处理方法。调质处理可获得高的强度和韧性，适用于受力复杂、截面尺寸较大、综合力学性能要求高的铸件，例如柴油机曲轴、连杆等重要零件。

> **说明**
> 　　由于调质处理后，工件可获得良好的综合力学性能，不仅强度高，而且有较好的塑性和韧性，因此重要的受力复杂的零件一般均采用调质处理。

三、可锻铸铁

　　可锻铸铁是由一定化学成分的白口铸铁坯件经退火得到的具有团絮状石墨的铸铁。它的生产过程是先浇注成白口铸铁，然后通过高温石墨化退火（又称可锻化退火），使渗碳体分解而得到团絮状石墨。

1. 可锻铸铁的成分与组织

　　可锻铸铁的大致化学成分是 $w_C = 2.2\% \sim 2.8\%$，$w_{Si} = 1.2\% \sim 2.0\%$，$w_{Mn} = 0.4\% \sim 1.2\%$，$w_S < 0.1\%$，$w_P < 0.2\%$。可锻铸铁分为铁素体基体的可锻铸铁（又称黑心可锻铸铁）和珠光体基体的可锻铸铁，可通过对白口铸铁件采取不同的退火工艺而获得。可锻铸铁的石墨化退火工艺曲线如图 8-18 所示。

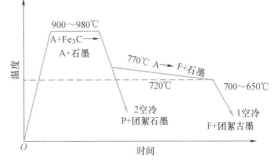

图 8-18　可锻铸铁的石墨化退火工艺曲线

　　按图 8-18 中曲线 1 的冷却方式进行冷却，将获得铁素体基体的可锻铸铁。

　　按图 8-18 中曲线 2 的冷却方式进行冷却，将得到珠光体基体的可锻铸铁。

　　可锻铸铁有较好的强度和塑性，特别是低温冲击性能较好；与球墨铸铁相比，具有成本低、质量稳定、铁液处理简便和利于组织生产的特点。可锻铸铁的耐磨性和减振性优于普通碳钢，切削性能与灰铸铁接近，适于制作形状复杂的薄壁中小型零件和工作中受到振动且强韧性要求较高的零件，例如管接头，低压阀门，汽车、拖拉机薄壳零件等。

2. 可锻铸铁的牌号及用途

　　常用两种可锻铸铁的牌号由 KTH+数字-数字或 KTZ+数字-数字组成。KTH、KTZ 分别表示"黑心可锻铸铁"和"珠光体可锻铸铁"，符号后的第一组数字表示最小抗拉强度数值（MPa），第二组数字表示最小断后伸长率（%）。常用可锻铸铁的牌号、力学性能及用途见表 8-4。

表 8-4　常用可锻铸铁的牌号、力学性能及用途

分类	牌号	铸件壁厚 /mm	试样直径 /mm	抗拉强度 R_m/MPa	伸长率 A(%)	硬度 HBW	用　途
铁素体基体	KTH 300-06	>12		≥300	≥6	≤150	弯头、三通等管件
	KTH 330-08	>12		≥330	≥8		螺纹扳手、犁刀、犁柱、车轮壳等
	KTH 350-10	>12		≥350	≥10		汽车与拖拉机前后轮壳、减速器壳、转向节壳和制动器等
	KTH 370-12	>12	12 或 15	≥370	≥12		
珠光体基体	KTZ 450-06			≥450	≥6	150~200	曲轴、凸轮轴、连杆、齿轮、活塞环、轴套、万向接头、棘轮、扳手和传动链条等
	KTZ 500-05			≥500	≥5	165~215	
	KTZ 600-03			≥600	≥3	195~245	
	KTZ 700-02			≥700	≥2	240~290	

四、蠕墨铸铁

蠕墨铸铁是 20 世纪 60 年代发展起来的一种新型铸铁。蠕墨铸铁是在一定成分的铁液中加入适量的蠕化剂和孕育剂所获得的石墨形似蠕虫状的铸铁，如图 8-19 所示。其生产方法与程序和球墨铸铁基本相同。

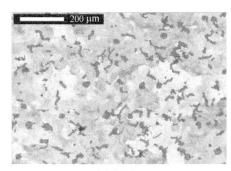

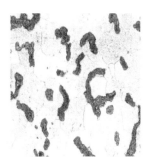

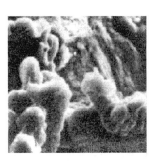

a) 珠光体基体　　　　　　　　b) 铁素体基体　　　　　　c) 蠕墨铸铁中的石墨

图 8-19　蠕墨铸铁的显微组织

1. 蠕墨铸铁的成分、组织及性能

蠕墨铸铁是在化学成分为 $w_C = 3.5\% \sim 3.9\%$，$w_{Si} = 2.2\% \sim 2.8\%$，$w_{Mn} = 0.4\% \sim 0.8\%$，$w_S < 0.1\%$，$w_P < 0.1\%$ 的铁液中，加入适量的蠕化剂并经孕育处理后而获得的。蠕墨铸铁有铁素体、珠光体、铁素体+珠光体三种基体组织。

由于蠕墨铸铁中的石墨大部分呈蠕虫状，间有少量球状，因此其组织和性能介于相同基体组织的球墨铸铁和灰铸铁之间。蠕墨铸铁的强度、韧性、疲劳强度、耐磨性及耐热疲劳性能比灰铸铁高，断面敏感性也小，但塑性、韧性都比球墨铸铁低。蠕墨铸铁的铸造性能、减振性、导热性能及切削加工性能优于球墨铸铁，抗拉强度接近于球墨铸铁。

2. 蠕墨铸铁的牌号及用途

蠕墨铸铁的牌号由 RuT+数字组成。其中，RuT 表示蠕墨铸铁，数字表示最小抗拉强度数值（MPa）。蠕墨铸铁的牌号、力学性能及组织见表 8-5。

表 8-5　蠕墨铸铁的牌号、力学性能及组织

牌号	抗拉强度 R_m/MPa	屈服强度 $R_{p0.2}$/MPa	伸长率 A（%）	硬度 HBW	组织
RuT500	≥500	≥350	≥0.5	220~260	珠光体+石墨
RuT450	≥450	≥315	≥1.0	200~250	珠光体+石墨
RuT400	≥400	≥280	≥1.0	180~240	珠光体+铁素体+石墨
RuT350	≥350	≥245	≥1.5	160~220	铁素体+珠光体+石墨
RuT300	≥300	≥210	≥2.0	140~210	铁素体+石墨

蠕墨铸铁常用于制造承受热循环载荷的零件和结构复杂、强度要求高的铸件，例如钢锭

模、玻璃模具，内燃机缸体、缸盖，排气阀、液压阀的阀体，耐压泵的泵壳等。

3. 蠕墨铸铁的热处理

蠕墨铸铁的热处理工艺包括正火和退火，主要是为了调整其基体组织，以获得不同的力学性能。

1）正火。蠕墨铸铁正火的目的是增加珠光体的量，从而提高强度和耐磨性。

2）退火。蠕墨铸铁的退火是为了获得 85%以上的铁素体基体或消除薄壁处的自由渗碳体。

五、合金铸铁

合金铸铁就是在铸铁熔炼时有意加入一些合金元素，从而改善物理、化学和力学性能或获得某些特殊性能的铸铁，如耐热铸铁、耐磨铸铁、耐蚀铸铁等。

1. 耐磨铸铁

耐磨铸铁按工作条件的不同，大致可分为在有润滑条件下工作的减摩铸铁（如机床导轨、气缸套、活塞环和轴承等）和在无润滑、受磨料磨损条件下工作的抗磨铸铁（如犁铧、轧辊及球磨机零件等）。

（1）减摩铸铁　为了进一步提高珠光体灰铸铁的耐磨性，可加入适量的 Cu、Cr、Mo、P、V 和 Ti 等合金元素，形成合金减摩铸铁。减摩铸铁在工作时，要求磨损少，摩擦系数小，导热性及加工工艺性能好。常用的减摩铸铁有高磷铸铁、磷铜钛铸铁和铬钼铜铸铁。

（2）抗磨铸铁　抗磨铸铁的组织应具有均匀的高硬度。抗磨铸铁用于在无润滑的干摩擦条件下工作的铸件，要求具有均匀的高硬度的组织。常用的抗磨铸铁有冷硬铸铁、抗磨白口铸铁和中锰球墨铸铁。

2. 耐热铸铁

（1）铸铁的耐热性　铸铁的耐热性主要指其在高温下抗氧化和抗热生长的能力。普通铸铁加热到 450℃以上时，随着加热温度的提高、时间的延长及反复加热次数的增多，除了在铸铁表面发生氧化外，还会发生"热生长"的现象。所谓热生长，指铸铁的体积产生不可逆的胀大，严重时体积可胀大 10%左右。

（2）耐热铸铁的牌号及用途　耐热铸铁的牌号由 HTR（QTR 或 BTR）+元素符号+数字组成。其中，HT、QT 和 BT 分别表示灰铸铁、球墨铸铁和白口铸铁，R 是"热"字的汉语拼音首位字母，元素符号后的数字是以名义百分数表示的该元素的质量分数。例如 HTRSi5 表示 $w_{Si} \approx 5\%$ 的耐热灰铸铁。

3. 耐蚀铸铁

耐蚀铸铁不仅具有一定的力学性能，而且还要求在腐蚀性介质中工作时有较高的耐蚀能力。在铸铁中加入 Si、Al、Cr、Mo、Ni、Cu 等合金元素后，铸件的表面会形成连续的、牢固的、致密的保护膜，能提高铸铁基体的电极电位，还可使铸铁得到单相铁素体或奥氏体基体，显著提高其耐蚀性。

耐蚀铸铁广泛应用于石油化工、造船等工业领域，用来制造经常在大气、海水及酸、碱、盐等介质中工作的管道、阀门、泵类、容器等零件。但各类耐蚀铸铁都有一定的适用范围，必须根据腐蚀介质、工况条件合理选用。

【小结】

铸铁 {
白口铸铁：碳全部或大部分以渗碳体的形式存在

灰铸铁：碳主要以石墨的形式存在，应用最广泛 {
1. 普通灰铸铁（片状石墨）：HT+数字，数字表示最小抗拉强度
2. 球墨铸铁（球状石墨）：QT+数字-数字，第一组数字表示最小抗拉强度，第二组数字表示最小断后伸长率
3. 可锻铸铁（团絮状石墨）：KTH（或KTZ）+数字-数字，KT是可锻铸铁的代号，H表示黑心可锻铸铁，Z表示珠光体可锻铸铁。第一组数字分别表示最小抗拉强度，第二组数字表示最小断后伸长率
4. 蠕墨铸铁（蠕虫状石墨）：RuT+数字，数字表示最小抗拉强度
}

麻口铸铁：碳以石墨和渗碳体两种形式存在
}

【综合训练】

一、选择题

1. 为提高灰铸铁的表面硬度和耐磨性，采用（　　）热处理效果较好。
   A. 渗碳后退火+低温回火　　B. 电加热表面淬火　　C. 等温淬火　　　D. 连续淬火

2. 下列铸铁中，（　　）的减振性最好。
   A. 灰铸铁　　　　　　　　B. 可锻铸铁　　　　　　C. 球墨铸铁　　　　D. 白口铸铁

3. 为下列零件正确选材：机床床身（　　）；汽车后桥外壳（　　）；柴油机曲轴（　　）；排气管（　　）。
   A. RuT300　　　　　　　　B. QT700-2　　　　　　C. KTH350-10　　D. HT300

4. 铸铁中的碳以石墨形态析出的过程称为（　　）。
   A. 石墨化　　　　　　　　B. 变质处理　　　　　　C. 球化处理　　　　D. 调质处理

5. 下列材料中（　　）适合制作冲压工件。
   A. 45钢　　　　　　　　　B. 65Mn　　　　　　　C. 08F　　　　　　D. QT420-10

6. 可锻铸铁是在钢的基体上分布着（　　）石墨。
   A. 粗片状　　　　　　　　B. 细片状　　　　　　　C. 团絮状　　　　　D. 球粒状

7. 可锻铸铁是（　　）均比灰铸铁高的铸铁。
   A. 强度、硬度　　　　　　B. 刚度、塑性　　　　　C. 塑性、韧性　　　D. 强度、韧性

二、判断题

1. 热处理可以改变灰铸铁的基体组织，但不能改变石墨的形状、大小和分布情况。（　　）

2. 由于可锻铸铁比灰铸铁的塑性好，因此可以进行锻压加工。（　　）

3. 可锻铸铁一般只适用于薄壁小型铸件。（　　）

4. 铸铁不应考虑用于焊接件。（　　）

5. 通过热处理可以改变铸铁的基体组织，故可显著地提高其力学性能。（　　）

三、简答题

1. 简述灰铸铁的性能特点。

2. 与灰铸铁相比，球墨铸铁的力学性能有哪些特点？

3. 与钢相比，灰铸铁有哪些优缺点？

模块九
CHAPTER 9

非铁金属及其合金

【学习目标】

1. 知识目标
1）了解非铁金属材料的种类。
2）了解非铁金属材料的性能。
3）了解非铁金属材料的应用。

2. 技能目标
1）掌握部分非铁金属材料的强化手段和热处理特点。
2）分析非铁金属与钢铁材料的不同之处。

单元一　铝及铝合金

一、工业纯铝

1. 纯铝的性能与用途

纯铝是一种银白色的轻金属，密度为 2.7g/cm^3，熔点为 660℃，具有优良的导热性和导电性。纯铝的化学性能活泼，表面极易生成一层致密的 Al_2O_3 氧化膜，这种氧化膜可阻止内部金属进一步氧化，从而使其在大气和淡水中具有一定的抗腐蚀能力。

纯铝是具有面心立方晶格的金属，无铁磁性，强度和硬度都比较低，不适于制作受力零件，主要用于制作铝合金。由于纯铝在低温下，甚至在超低温下都具有良好的塑性和韧性，在 $-253 \sim 0$℃ 时的塑性和冲击韧度不降低，因此适用于变形加工，而且在冷变形后，抗拉强度仍能达到 150~250MPa。

工业纯铝的纯度可达 99.00% ~ 99.70%，可以作为制造铝合金的原料，还可以用于制造各类线材、管材和板材等。

2. 纯铝的牌号

工业纯铝的牌号系列为 1×××，如 1070A、1060、1050A、1035、1200（化学成分近似旧牌号 L1、L2、L3、L4、L5），牌号中有四位数字，第一位数字"1"表示纯铝；第二位数字表示对杂质极限含量的特殊限制情况；后两位数字表示最低铝百分含量，与最低铝含量中小数点右边的两位数字相同，如 1060 表示最低铝含量为 99.60% 的工业纯铝。

二、铝合金的分类及强化

1. 铝合金的分类

根据铝合金的成分组织和工艺特点的不同，可将其分为变形铝合金和铸造铝合金两大类。变形铝合金是将铝合金铸锭通过变形加工（轧制、挤压和模锻等）制成半成品或模锻件，因此要求其有良好的塑性变形能力。铸造铝合金是将熔融的合金直接浇铸成形状复杂的或薄壁的成形件，因此要求其具有良好的铸造流动性。

（1）变形铝合金 图 9-1 所示为铝合金分类相图，凡位于相图上 D 点成分以左的合金，因其在加热至高温时能形成单相固溶体组织，合金的塑性较高，适于变形加工，所以称为变形铝合金。对于变形铝合金来说，位于 F 点以左成分的合金，称为热处理不能强化的铝合金。成分在 F 点和 D 点之间的铝合金，称为热处理能强化的铝合金。

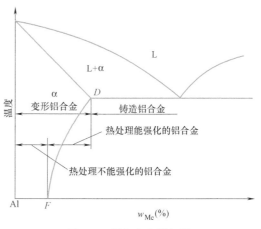

图 9-1 铝合金分类相图

（2）铸造铝合金 凡位于相图上 D 点成分以右的合金，因含有共晶组织，液态流动性较好，适于铸造成形，所以称为铸造铝合金。铸造铝合金中也有成分随温度而变化的 α 固溶体，故也能用热处理进行强化。

2. 铝合金的时效强化

热处理强化主要是由于合金元素在铝合金中有较大的固溶度，且随着温度的降低而急剧减小。所以热处理能强化的铝合金经加热到达某一温度淬火后，可以得到过饱和的铝基固溶体。此时铝合金的强度和硬度并没有明显提高，但塑性却得到改善，这种处理方式称为固溶处理。将过饱和铝基固溶体放置在室温下或加热到某一温度后，其强度和硬度随着时间的延长而增高，但塑性和韧性降低，这个过程称为时效强化或沉淀硬化。在室温下进行的时效称为

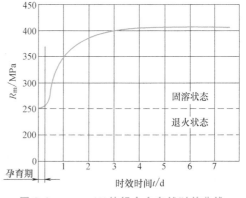

图 9-2 $w_{Cu}=4\%$ 的铝合金自然时效曲线

自然时效，在加热条件下进行的时效称为人工时效。图 9-2 所示是铜的质量分数为 4% 的铝合金淬火后，在室温下强度随时间变化的曲线。由图 9-2 可知，在最初的一段时间内，自然时效对铝合金的强度影响不大，这段时间称为孕育期；之后，随着时间的延长，铝合金才能逐渐被显著强化。在孕育期，淬火后的铝合金可进行冷加工。

铝合金的时效强化效果还与加热温度有关。图 9-3 所示为不同温度下的人工时效对强度

的影响。如图 9-3 可知，时效温度越高，时效强化过程越快，强度峰值降低，强化效果越差；如果时效温度在室温以下，原子扩散不易进行，则时效过程进行越慢。低温会使固溶处理获得的过饱和固溶体保持相对的稳定性，抑制时效的进行，例如在 −50℃ 以下长期放置，淬火铝合金的力学性能几乎没有变化。在生产中，某些需要进一步变形加工的零件，可以淬火后在低温状态下保存，使其在需要加工变形时仍具有良好的韧性。若人工时效时间过长（或温度过高），反而使合金软化，这种现象称为过时效。

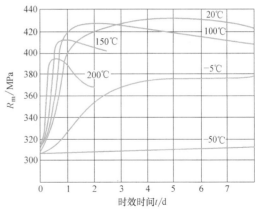

图 9-3 $w_{Cu} = 4\%$ 的铝合金在不同温度下的时效曲线

3. 铝合金的回归处理

回归处理是指将已经时效强化的铝合金重新加热到 200~270℃，经短时间保温，然后在水中急冷，使合金恢复到固溶处理后的状态。经回归处理后，合金与新固溶处理的合金一样，还可以进行正常的时效处理，获得具有人工时效态的强度和分级时效态的应力腐蚀抗力的最佳配合，这种工艺称为回归再时效。但每次回归处理后，再时效后合金的强度逐次下降。

三、常用铝合金

1. 变形铝合金

依据合金使用特性，变形铝合金包括防锈铝合金、硬铝合金、超硬铝合金及锻造铝合金等。

（1）防锈铝合金（曾用代号 LF） 属于 Al-Mn 或 Al-Mg 系列，以锰或镁作为主加元素，能产生固溶强化和提高耐蚀性，属于热处理不能强化的铝合金。

Al-Mn 系合金具有好的耐蚀性，良好的塑性和焊接性能，但切削加工性能不好，主要用于管道、容器及需用塑性变形等方法制造的低载荷零件和制品等。

Al-Mg 系合金耐蚀性好，退火状态下塑性好，焊接性能良好，切削加工性能差，主要用于管道、容器、铆钉及承受中等载荷的零件及制品。

（2）硬铝合金（曾用代号 LY） 有 Al-Cu-Mg 和 Al-Cu-Mn 系列等。这类铝合金通过淬火（固溶处理）和时效处理后，强度和硬度会大幅度提高。但硬铝的耐蚀性差，特别是在海水中，因其含有较高的铜，易发生电化学腐蚀。

（3）超硬铝合金（曾用代号 LC） 有 Al-Cu-Mg-Zn 系列等。这类铝合金是在硬铝的基础上加入了 Zn，使材料具有更高的强度和硬度。超硬铝通常采用淬火和人工时效。硬铝和超硬铝是飞机上的重要结构材料，例如飞机的大梁、蒙皮及铆钉等。

（4）锻造铝合金（曾用代号 LD） 由 Al-Cu-Mg-Si 系列组成。这类铝合金热塑性好，锻造加工后，经淬火+人工时效，可大幅度提高材料的强度和硬度。

部分变形铝合金的牌号、主要特性及应用见表 9-1。

表 9-1　部分变形铝合金的牌号、主要特性及应用

类别	新牌号	曾用牌号	主要特性	应 用
防锈铝	3A21	LF21	强度不高,不能热处理强化,退火状态下塑性好,耐蚀性好	用于制造油箱、汽油或润滑油导管、铆钉、饮料罐等
	5A02	LF2	强度较高,塑性与耐蚀性好,不能热处理强化,焊接性能好	用于制造焊接油箱、汽油或润滑油导管,车辆、船舶内部装饰
硬铝	2A11	LY11	中等强度,可热处理强化,退火、淬火和热态下塑性尚好	用于制造中等强度的零件和构件,例如空气螺旋桨叶片等
	2A12	LY12	高强度,可热处理强化,耐蚀性不好,点焊焊接性能良好	用于制造高负荷零件和构件,例如飞机骨架、蒙皮、铆钉等
超硬铝	7A04	LC4	室温强度最高,塑性较差,可热处理强化,点焊焊接性能良好	制造高载荷零件,例如飞机的大梁、蒙皮、翼肋、起落架等
	7A09	LC9	高强度,可热处理强化,塑性、缺口敏感性、耐蚀性优于 7A04	制造飞机蒙皮和主要受力件
锻铝	2A50	LD5	高强度,可热处理强化,高塑性,易于锻造、切削,耐蚀性好	制造形状复杂、中等强度的锻件和冲压件
	2A70	LD7	耐热锻铝,热强度较高,可热处理强化,耐蚀性、切削加工性能好	制造内燃机活塞、高温下工作的复杂锻件、压气机叶轮等

2. 铸造铝合金

这类铝合金不能进行变形加工,而只适合通过铸造方式获得形状复杂的零件,常用的合金系列有 Al-Si 系,Al-Cu 系,Al-Mg 系和 Al-Zn 系。

（1）Al-Si 系铸造铝合金（俗称硅铝明）　主加元素为 Si（$w_{Si}=4.5\%\sim7.5\%$）,此类合金铸件经时效处理后抗拉强度可达 240MPa 以上,可以制作受力较大的铸件。

（2）Al-Cu 系铸造铝合金　主加元素为 Cu（$w_{Cu}=4.5\%\sim5.3\%$）,经时效处理后,具有较高的强度和耐热性,但铸造性能和耐蚀性则略差一些。

（3）Al-Mg 系铸造铝合金　主加元素为 Mg（$w_{Mg}=1.5\%\sim5.5\%$）,经时效处理后,具有强度高、耐蚀性好及密度小等特点。

（4）Al-Zn 系铸造铝合金　主加元素为 Zn（$w_{Zn}=5\%\sim6.5\%$）,具有优良的铸造性能,铸件经变质处理和时效处理后能显著提高强度且价格较低。不足之处是耐蚀性较差、热裂倾向较大。

部分铸造铝合金的牌号和用途见表 9-2。

表 9-2　部分铸造铝合金的牌号和用途

类别	合金牌号	合金代号	用 途
Al-Si 合金	ZAlSi7Mg	ZL101	耐蚀性、铸造性好,易气焊。用于制造形状复杂的零件,例如仪表零件、飞机零件、工作温度低于 185℃ 的化油器。在海水环境中使用时 $w_{Cu}\leqslant0.1\%$
	ZAlSi12	ZL102	用于制造形状复杂、负荷小、耐蚀性好的薄壁零件和工作温度不高于 200℃ 的高气密性零件
Al-Cu 合金	ZAlCu5Mn	ZL201	焊接性能好,铸造性能差。用于制造工作温度为 175~300℃ 的零件,例如支臂、梁柱
	ZAlCu4	ZL203	用于制造受重载荷、表面粗糙度要求较高而形状简单的厚壁零件,工作温度不高于 200℃

（续）

类别	合金牌号	合金代号	用　途
Al-Mg合金	ZAlMg10	ZL301	用于制造承受冲击载荷、循环载荷和海水腐蚀，并且工作温度不高于200℃的零件
	ZAlMg5Si1	ZL303	用于铸造同腐蚀介质接触和在较高温度（不高于220℃）下工作、承受中等载荷的零件
Al-Zn合金	ZAlZn11Si7	ZL401	铸造性好、耐蚀性低。用于制造工作温度不高于200℃、形状复杂的大型薄壁零件
	ZAlZn6Mg	ZL402	用于制造高强度零件，例如空压机活塞、飞机起落架等

单元二　铜及铜合金

铜是人类应用最早的金属之一，我国最早的手工业技术文献《考工记》中就记载了祖先对青铜成分和性能之间关系的研究。目前工业上使用的铜及其合金主要有工业纯铜、黄铜、白铜和青铜。

一、工业纯铜

铜是重金属，其产量仅次于铁和铝。工业纯铜是玫瑰红色金属，表面形成氧化铜膜后呈紫红色。

工业纯铜的密度为 $8.9g/cm^3$，熔点为 1083℃，具有面心立方晶格，无同素异构转变。工业纯铜的导电性与导热性均排在金、银之后，是抗磁性金属，强度低而塑性好，不能通过热处理强化。纯铜可制成各种导电、导热材料及配制各种铜合金，例如电线、电缆、板材和管材等。

工业纯铜的强度低，虽然冷变形加工可提高其强度，但塑性会显著降低。因此还不能用于制作受力的结构件。为了满足能够制作受力结构件的要求，可通过添加合金元素来改变其性能。

铜合金按其化学成分的不同，可分黄铜、白铜和青铜三大类。

二、黄铜

铜锌合金或以锌为主要合金元素的铜合金，称为黄铜。黄铜具有良好的塑性和耐蚀性，良好的变形加工性能和铸造性能。只有铜锌两种组元的合金，称为普通黄铜，在普通黄铜的基础上又添加了其他元素的合金，称为特殊黄铜。

1. 普通黄铜

普通黄铜是铜锌二元合金，其合金相图如图 9-4 所示。α 相是锌溶于铜中的固溶体，其溶解度随温度的下降而增大。β 相是以电子化合物 CuZn 为基的有序固溶体，具有体心立方晶格，性能硬而脆。

普通黄铜的牌号由 H+数字（铜的质量分数）组成，其中，H 为"黄"字的汉语拼音首位字母，数字表示铜的平均质量分数。例如 H90 表示 w_{Cu} = 90%，余量为锌的黄铜。黄铜中的含锌量对其力学性能有很大的影响。当 w_{Zn} ≤ 32% 时，随着锌的质量分数的增加，强度和伸长率都升高；当 w_{Zn} > 32% 后，因组织中出现 β′相，塑性开始下降；而强度在 w_{Zn} = 45% 附近达到最大值；锌的质量分数更高时，黄铜的组织全部为 β′相，强度与塑性急剧下降。

普通黄铜常用的有 H70、H80，为单相组织，塑性好，而 H62、H59 为双相组织，不能进行冷变形加工。常用普通黄铜的牌号、化学成分、性能特点及用途见表 9-3。

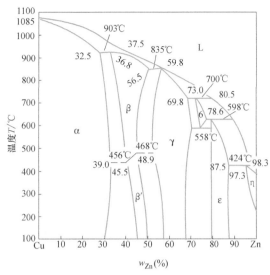

图 9-4　Cu-Zn 合金相图

表 9-3　常用普通黄铜的牌号、化学成分、性能特点及用途

牌号	化学成分(质量分数,%)		性能特点	用　途
	Cu	其他		
H90	89.0~91.0	余量 Zn	导热、导电性好,在大气和淡水中耐蚀性好,塑性良好,呈金黄色,有金色黄铜之称	用于制造供水管、排水管、奖章、艺术品、水箱带及双金属片等
H68	67.0~70.0	余量 Zn	塑性极好,强度较高,切削加工性能好,易焊接,是普通黄铜中应用最广泛的品种,有弹壳黄铜之称	用于制造复杂的冷冲件和深冲件,如散热器外壳、波纹管、雷管、子弹壳等
H62	60.5~63.5	余量 Zn	具有良好的力学性能,热态下塑性好,切削性能好,易焊接,耐蚀性好,有快削黄铜之称	用于制造销钉、铆钉、垫圈、螺母、气压表弹簧、导管、散热器零件等

2. 特殊黄铜

特殊黄铜是在黄铜的基础上又添加其他合金元素，例如添加硅（Si）元素可以提高力学性能，具有良好的耐蚀性和流动性；添加铅（Pb）元素可以改善切削加工性能；添加锡（Sn）元素可以显著提高黄铜在海洋、大气和海水中的耐蚀性等。

根据加工方式的不同，特殊黄铜可分为压力加工和铸造两类。

1）压力加工型特殊黄铜：如 HMn58-2，表示为锰黄铜，铜的质量分数为 58%，锰的质量分数为 2%，其余含量为锌。

2）铸造型特殊黄铜：如 ZCuZn40Pb2，表示为铸造用铅黄铜，其中锌的质量分数为 40%，铅的质量分数为 2%。

常用特殊黄铜的牌号、化学成分、性能特点及用途见表 9-4。常用铸造黄铜的牌号、力学性能及用途见表 9-5。

表 9-4　常用特殊黄铜的牌号、化学成分、性能特点及用途

组别	牌号	化学成分(质量分数,%)		性能特点	用　途
		Cu	其他		
铅黄铜	HPb59-1	57.0~60.0	Pb:0.8~1.9 余量 Zn	切削加工性能好,具有良好的力学性能,能承受冷、热压力加工,易焊接	用于制造通过冲压和切削加工成形的各种结构零件,如螺钉、垫圈、衬套等
锡黄铜	HSn70-1	69.0~71.0	Sn:0.8~1.3 余量 Zn	在大气、蒸汽、油类和海水中有良好的耐蚀性,良好的力学性能,易焊接,冷、热压力加工性能好	用于制造海轮上的耐蚀零件,与海水、蒸汽、油类接触的导管,热工设备零件
铝黄铜	HAl59-3-2	57.0~60.0	Al:2.5~3.5 Ni:2.0~3.0 余量 Zn	强度高,耐蚀性在黄铜中最好,热态下压力加工性能好	用于制造发动机等在常温下工作的高强度耐蚀零件
锰黄铜	HMn58-2	57.0~60.0	Mn:1.0~2.0 余量 Zn	在海水和过热蒸汽、氯化物中有良好的耐蚀性,力学性能良好,热态下压力加工性能好,导热、导电性低	用于制造在腐蚀条件下工作的重要零件和弱电流工业用零件
硅黄铜	HSi80-3	79.0~81.0	Si:2.5~4.0 余量 Zn	具有良好的力学性能,耐蚀性好,冷、热压力加工性能好,易焊接,导热、导电性低	用于制造船舶零件、蒸汽管和水管配件

表 9-5　常用铸造黄铜的牌号、力学性能及用途

牌号	铸造方法	力学性能,不低于			用　途
		R_m/MPa	$A(\%)$	HBW	
ZCuZn38	S	295	30	60	用于制作一般结构件和耐蚀零件,如法兰、阀座、支架、手柄和螺母等
	J	295	30	70	
ZCuZn40Mn2	S、R	345	20	80	用于制作在空气、淡水、海水、蒸汽(小于300℃)和各种液体燃料中工作的零件和阀体、阀杆、泵、管接头,以及需要浇注巴氏合金和镀锡的零件等
	J	390	25	90	
ZCuZn40Pb2	S、R	220	15	80	用于制作一般用途的耐磨、耐蚀零件,如轴套、齿轮等
	J	280	20	90	
ZCuZn16Si4	S、R	345	15	90	用于制作接触海水工作的管配件以及水泵、叶轮、旋塞,在大气、淡水、油、燃料以及工作压力为4.5MPa、250℃以下蒸汽中工作的零件

注:S—砂型铸造;J—金属型铸造;R—熔模铸造。

三、白铜

　　白铜是以镍为主加元素的铜合金,外观呈银白色,有金属光泽。白铜与其他铜合金的力学性能一样良好,塑性好、硬度高、耐蚀性好。白铜按照其化学成分的不同,可分为普通白铜与特殊白铜两类。

　　(1)普通白铜　只有铜和镍两种组元,具有适中的强度和优良的塑性,可以进行冷塑性变形,耐蚀性很好。

　　(2)特殊白铜　在普通白铜的基础上又添加了其他合金元素,添加的元素不同,其性能和用途也大不相同。

　　常用白铜的牌号、性能特点及用途见表9-6。

表 9-6 常用白铜的牌号、性能特点及用途

类别	代号	性能特点	用途
普通白铜	B19	具有良好的耐蚀性和良好的力学性能,在高温和低温下保持高强度和塑性	用于制作在蒸汽、海水和淡水中工作的精密仪表零件、金属网和耐化学腐蚀的化工机械零件
铁白铜	BFe30-1-1	具有良好的力学性能,在海水、淡水和蒸汽中具有良好耐蚀性,切削加工性能较差	用于制作海船制造业中高温、高压和高速条件下工作的冷凝器和恒温器的管材
锰白铜	BMn3-12	俗称锰铜,具有高的电阻率和低的电阻温度系数,电阻长期稳定性高	用于制作工作温度在100℃以下的电阻仪器及精密电工测量仪器
锌白铜	BZn15-20	外表为银白色,具有较高的强度,耐蚀性、塑性好,切削加工性能不好,焊接性能差	用于制作潮湿条件下和强腐蚀性介质中工作的仪表零件及医疗器械、电子元器件零件、蒸汽配件等

四、青铜

除黄铜与白铜外,其他的铜合金都属于青铜。青铜是人类史上应用最早的合金。按照成分不同可分为锡青铜和无锡青铜两类,也可分为变形加工青铜和铸造青铜两类。青铜的牌号由 Q+主加元素符号+数字（主加元素含量+其他元素含量）组成,Q 表示"青"字的汉语拼音首位字母,例如 QSn4-3 表示 $w_{Sn}=4\%$,$w_{Zn}=3\%$,其余含量为 Cu 的锡青铜。

1. 锡青铜

锡青铜是仅由铜和锡两种组元组成的合金,锡所占的比例不同,其性能也不同。当锡的质量分数小于 8%时,锡青铜具有较好的塑性和强度,适宜压力加工,当锡的质量分数大于10%时,锡青铜的塑性变差,只适合铸造成形。

2. 铝青铜

铝青铜是以铝为主要合金元素的铜合金。与锡青铜和黄铜相比,铝青铜具有更高的强度,更好的耐蚀性和耐磨性,铸件质量高,价格较低,应用较广。

3. 铍青铜

铍青铜是以铍为主要合金元素的铜合金。铍青铜具有很高的强度、硬度和弹性极限,导电、导热、耐寒性好,同时还具有抗磁性,受冲击时不产生火花等特殊性能。

常用青铜的牌号、化学成分及用途见表 9-7。

表 9-7 常用青铜的牌号、化学成分及用途

组别	牌号	Cu 以外成分（质量分数,%）	用途
加工青铜	QSn4-3	Sn:3.5~4.5 Zn:2.7~3.3	用于制造弹簧、管配件和化工机械中的耐蚀、耐磨和抗磁零件
	QSn4-4-4	Sn:3.0~5.0 Pb:3.5~4.5 Zn:3.0~5.0	用于制造在摩擦条件下工作的轴承、轴套、衬套等
	QAl7	Al:6.0~8.5	用于制造重要用途的弹性元件及摩擦零件
	QSi3-1	Si:2.7~3.5 Mn:1.0~1.5	用于制造弹性元件和在腐蚀介质下工作的耐磨零件,如齿轮、蜗轮等

（续）

组别	牌号	Cu 以外成分 （质量分数，%）	用　途
铸造青铜	ZCuSn10P1	Sn：9.0~11.5 P：0.8~1.1	用于制造高负荷（20MPa 以下）、高滑动速度（8m/s）下工作的耐磨零件，如轴瓦、衬套、齿轮等
	ZCuAl9Mn2	Al：8.0~10.0 Mn：1.5~2.5	用于制造耐磨、耐蚀零件，如齿轮、蜗轮、衬套等

单元三　钛及钛合金

钛是 20 世纪 50 年代发展起来的一种重要金属，由于其密度小、比强度高、耐蚀性好，因此钛及钛合金广泛应用于航空航天领域。近年来，钛在石油、化工、冶金、生物医学和体育用品等领域开始得到应用，并已成为新工艺、新技术、新设备不可缺少的金属材料。

一、纯钛

纯钛是银白色的金属，密度为 $4.5g/cm^3$，熔点为 $1677℃$，具有较好的塑性和较高的强度；耐蚀性好，特别是在海水里，其耐蚀性甚至超过不锈钢；高温强度好，在 $300~400℃$ 仍能正常使用。

钛具有同素异构现象，在 $882.5℃$ 以下的稳定结构为密排长方晶格，用 α-Ti 表示；在 $882.5℃$ 以上直至熔点的稳定结构为体心立方晶格，用 β-Ti 表示。

常用工业纯钛的牌号、力学性能及用途见表 9-8。

表 9-8　常用工业纯钛的牌号、力学性能及用途

牌号	状态	力学性能		用　途
		抗拉强度 R_m/MPa	伸长率 A(%)	
TA1	M	≥240	≥30	有良好的耐蚀性，较高的比强度和疲劳强度，通常在退火状态下使用。锻造性能类似于低碳钢，用于制造石油化工、医疗、航空等领域的耐热、耐蚀零件；爆炸复合钛板优先采用 TA2
TA2	M	≥400	≥25	机械：350℃ 以下工作的受力较小的零件及冲压件、压缩机气阀、造纸混合器等
TA3	M	≥500	≥20	造船：耐海水腐蚀的管道、阀门 医疗：人造骨骼、植入人体的螺钉
TA4G	M	≥580	≥20	化工：热交换器、泵体、搅拌器 航空：飞机骨架、蒙皮、发动机部件

注：M—退火状态。

二、钛合金

为了提高强度，可在钛中加入合金元素。根据退火后的组织形态的不同，钛合金可分为

α 型钛合金、β 型钛合金和（α+β）型钛合金三类。

1. α 型钛合金

α 型钛合金是 α 相固溶体组成的单相合金，具有很好的强度、韧性及塑性，在冷态也能加工成某种半成品，例如板材和棒材等。α 型钛合金在高温下的组织稳定，抗氧化能力较强，热强性较好，在 500～600℃仍能保持较高的强度和抗蠕变的能力。其牌号由 TA+数字（顺序号）组成，例如 TA5、TA6、TA7 等。

2. β 型钛合金

β 型钛合金是由 β 相固溶体组成的单相合金。这类合金不必经过热处理就有较高的强度，若经过淬火、时效处理，其抗拉强度可达 1372～1660MPa，但其热稳定性明显降低，稳定性很差，且不宜在高温下使用。其牌号由 TB+数字（顺序号）组成，例 TB2、TB3、TB4 等。

3.（α+β）型钛合金

（α+β）型钛合金是双相合金，具有良好的综合力学性能，不但组织稳定性好，而且具有良好的塑性，可进行压力加工，能通过热处理强化，并可在 400～500℃温度下长期工作。其牌号由 TC+数字（顺序号）组成，例如 TC1、TC2、TC3。

常用钛合金的牌号、名义化学成分、力学性能及用途见表 9-9。

表 9-9　常用钛合金的牌号、名义化学成分、力学性能及用途

牌号	名义化学成分	状态	板材厚度/mm	力学性能		用途
				抗拉强度 R_m/MPa	伸长率 A(%)	
TA7	Ti-5Al-2.5Sn	M	0.8～1.5	735～930	≥20	可焊接，在 316～593℃下有良好的抗氧化性、强度和高温热稳定性。用于制造锻件、航空涡轮发动机叶片等
			>1.5～2.0		≥15	
			>2.0～10.0		≥12	
TA9	Ti-0.2Pd	M	0.8～10	≥400	≥20	为目前最好的耐蚀合金，有极强的耐蚀性，用于制造化工行业等要求耐氯和氯化物设备的零件
TB2	Ti-5Mo-5V-8Cr-3Al	ST	1.0～3.5	≤980	≥20	淬火状态下有良好的塑性，可以冷成形，焊接性良好，热稳定性差。用于制造螺栓、铆钉及航空工业用构件
		STA		1320	≥8	
TC1	Ti-2Al-1.5Mn	M	0.5～2.0	590～735	≥25	有较高的力学性能和优良的高温变形能力，能进行各种热加工，淬火时效能大幅度提高强度，但热稳定性较差。在退火状态下使用，TC1 可用于制造低温材料。TC3、TC4 用于制造航空涡轮发动机盘、叶片、结构锻件、紧固件等
			>2.0～10.0		≥20	
TC3	Ti-5Al-4V	M	0.8～2.0	≥880	≥12	
			>2.0～10.0		≥10	
TC4	Ti-6Al-4V	M	0.8～2.0	≥895	≥12	
			>2.0～10.0		≥10	
			>10.0～25.0		≥8	

注：M—退火状态；ST—固溶状态；STA—固溶处理+人工时效状态。

【小结】

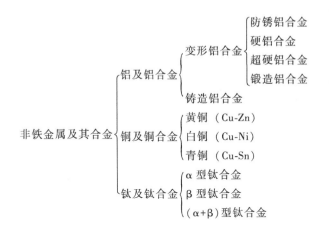

【综合训练】

一、填空题

1. 根据铝合金的成分组织和工艺特点的不同，可将其分为_____和_____两大类。

2. 纯铝的晶格类型是_____。

3. 变形铝合金包括_____、_____、_____及_____。

4. 常见的铜合金形式有_____、_____、_____。

5. 根据加工方式的不同，特殊黄铜可分为_____和_____两大类。

二、单项选择题

1. 下列（　　）是普通黄铜。

　　A. H68　　　　B. QSn4-3　　　　C. QBe2　　　　D. HT200

2. 下列（　　）是铸造铝合金。

　　A. LF21　　　B. LY10　　　　C. ZL101　　　　D. H68

3. LF5 属于（　　）铝合金。

　　A. 铸造　　　B. 变形　　　　C. 强化　　　　D. 固溶

4. 下列（　　）是钛合金。

　　A. TA2　　　B. TA3　　　　C. TC4　　　　D. T4

三、多项选择题

1. 铝合金主要分为（　　）。

　　A. 变形铝合金　B. 流变铝合金　　C. 铸造铝合金　　D. 锻造铝合金

2. 下列（　　）是铜合金的牌号。

　　A. LG5　　　B. H68　　　　C. H59　　　　D. ZCuZn38

3. 根据在室温下组织的不同，钛合金可分为（　　）。

　　A. α型钛合金　B. β型钛合金　　C. γ型钛合金　　D. （α+β）型钛合金

4. 普通黄铜的组元有（　　　）。

　　A. Cu　　　　　　B. Al　　　　　　C. Mg　　　　　　D. Zn

四、简答题

1. 什么是过时效？

2. 简要说明工业纯铝的性质和特点。

3. 简述特殊黄铜的性能和特点。

模块十

CHAPTER 10

机械零件材料的选用

【学习目标】

1. 知识目标

1）掌握常用材料一般选用原则。

2）掌握齿轮、轴类、箱体、模具等零件的选材方法。

2. 技能目标

掌握典型零件选材及工艺分析方法。

单元一　选用材料的一般原则

选材的合理性应是在满足零件性能要求的条件下，最大限度地发挥材料的潜力，做到物尽其用，既要考虑材料强度的使用水平，也要减少材料的消耗和降低加工成本。因此，要做到合理选材，必须进行全面的分析及综合考虑。一般从材料的使用性能、工艺性能、经济费用等几个方面重点考虑。

一、应满足零件的使用性能要求

材料的使用性能是指零件在使用状态下材料应具备的力学性能、物理性能、化学性能，是保证零件具备规定功能的必要条件，是选择材料时应首先考虑的因素。例如，材料的屈服强度是保证零件在使用时不产生过量的塑性变形的前提；而耐磨零件就要有较高的硬度等。在选材时，首先要准确地判断零件要求哪方面的性能，然后再确定主要性能指标。

例如发动机曲轴的失效形式主要是疲劳断裂，曲轴的主要使用性能指标是疲劳抗力，因此，应以疲劳强度作为选用材料的主要指标。

另外，由于采用不同的强化方法可以显著提高材料的性能，因此在选用材料时，还要综合考虑强化方法对材料性能的影响。

二、应满足零件的工艺性能要求

在满足使用性能要求的情况下，考虑材料的工艺性能。工艺性能是指将材料加工成零件的难易程度，它直接影响零件的质量、生产率和加工成本。金属材料的加工比较复杂，若采用铸造成形，则应选用铸造性能好的共晶或接近共晶成分的合金；若采用锻造成形，则应选用高温塑性好的合金；若采用焊接成形，则应选用低碳钢或低碳合金钢；为了便于切削加工，一般应选用硬度为170~260HBW材料。

金属材料的力学性能在很大程度上取决于热处理，不同材料的热处理工艺性能是不同的，例如碳钢的淬透性较差，强度较低，加热时易过热，淬火时易变形，甚至开裂。因此在制造截面尺寸较大、形状较复杂、强度要求较高的零件时，应选用合金钢。

当材料的工艺性能与力学性能要求相矛盾时，工艺性能便成为选用材料优先考虑的因素。例如在大批量生产时，切削加工常采用自动切削机床，为保证材料的切削加工性能，提高生产率，可选用易切削钢。

材料的工艺性能在某些情况下甚至成为选用材料的主导因素。例如汽车发动机箱体，对它的力学性能要求并不高，多数金属材料都能满足要求，但由于箱体内腔结构复杂，毛坯只能采用铸件，为了方便、经济地铸出合格的箱体，必须采用铸造性能良好的材料，如铸铁或铸造铝合金。在大批量生产时，更应要求材料具有良好的工艺性能。

三、充分考虑材料的经济性

选用材料时，除满足使用性能和工艺性能要求以外，还应考虑材料的经济性。经济性是指产品的总成本，包括材料本身的价格、加工费用和其他费用，有时还包括运输和安装费用。当选用性能好的材料时，虽然材料的价格较贵，但可延长零件的使用寿命，降低产品的维修费用，反而是经济的。尤其是机器中的关键零件，其质量好坏直接影响整台机器的使用寿命，此时应该把材料的使用性能放在首要位置。

选材时常根据材料的强度和成本进行比较。例如，在选择轿车零件的材料时，要求重量轻、强度高，可根据材料的比强度（强度/密度）来选材；在满足使用要求的前提下，尽量选用成本低的材料，如果必须使用贵重金属材料，则尽可能减少用量。

单元二　齿轮的选材及工艺分析

一、齿轮的受力及性能要求

1. 齿轮工作时的一般受力情况

1）齿轮承受很大的交变弯曲应力。

2）换挡、起动或啮合不均匀时承受冲击力。

3）齿面相互滚动与滑动，并承受接触压应力。

综上可知，齿轮的损坏形式主要是折断和齿面的剥落及过度磨损。

2. 对齿轮材料主要性能的要求

1）具有高的弯曲疲劳强度和接触疲劳强度。

2）齿面有高的硬度和耐磨性。

3）齿轮心部具有足够的强度和韧性。

4）具有较好的热处理工艺性。

二、齿轮的选材及热处理

选择齿轮材料时，主要根据齿轮的传动方式（开式或闭式）、载荷性质与大小（齿面接触应力和冲击载荷等）、传动速度（节圆线速度）和精度要求等工作条件。

用于制造齿轮的材料大多数是钢（锻钢或铸钢）；对于某些开式传动的低速齿轮，可以选用铸铁；特殊情况下，还可以选用非铁金属和工程材料。

1. 钢制齿轮

制造齿轮用钢材有型材和锻件两种毛坯形式。由于锻造齿轮毛坯的纤维组织与轴线垂直，分布合理，故重要用途的齿轮都采用锻造毛坯。

钢制齿轮按轮齿面硬度分为软齿面齿轮和硬齿面软齿轮，齿面硬度不大于 350HBW 时，为软齿面齿轮；齿面硬度大于 350HBW 时，为硬齿面齿轮。

1）轻载、低速或中速、冲击力小、精度较低的一般齿轮，可选用中碳钢，如 Q275、40钢、45 钢、50 钢、50Mn 等。

这类齿轮主要为标准系列减速箱齿轮，冶金机械、重型机械和机床中的一些次要齿轮。

2）中载、中速、承受一定冲击载荷、运动较为平稳的齿轮，可选用中碳钢或合金调质钢，如 40 钢、50Mn、40Cr、42SiMn 等。

机床中的大多数齿轮属于这种类型的齿轮。对于表面硬化的齿轮，应该注意控制硬化层的深度及硬化层沿齿廓的合理分布。

3）重载、高速或中速且承受较大冲击载荷的齿轮，可选用低碳合金渗碳钢或碳氮共渗钢，如 20Cr、20CrMnTi、20CrNi3、18Cr2Ni4WA、40Cr、30CrMnTi 等。

这类齿轮适用于工作条件较为恶劣的汽车、拖拉机的变速器的齿轮。

从实际情况来看，碳氮共渗与渗碳相比，热处理变形小，生产周期短，工件的力学性能高，而且还可以应用于中碳钢或中碳合金钢，因此许多齿轮用碳氮共渗来代替渗碳工艺。

4）精密传动齿轮或磨齿有困难的硬齿面齿轮（如内齿轮），要求精度高，热处理变形小，宜采用碳化钢，如 35CrMo、38CrMoAl 等。多用于载荷平稳、润滑良好的工作条件下。

近年来，由于氮碳共渗和离子渗氮工艺的发展，使工艺周期缩短，适用的钢种范围变宽，选用渗氮处理的齿轮越来越多。

2. 铸钢齿轮

某些尺寸较大（如直径大于 400mm）、形状复杂并承受一定冲击的齿轮，难以铸造成形，需要采用铸钢。常用的铸造碳钢为 ZG270-500、ZG310-570、ZG340-640 等；当承受载荷较大时，宜采用合金铸钢，如 ZG40Cr1、ZG35Cr1Mo、ZG42Cr1Mo 等。

3. 铸铁齿轮

一般开式传动的齿轮较多应用灰铸铁制造。灰铸铁组织中的石墨能起润滑作用，减摩性较好，不易胶合，而且切削加工性能好，成本低。灰铸铁只适用于制造一些轻载、低速、不受冲击且精度要求不高的齿轮。

常用灰铸铁的牌号有 HT200、HT250、HT300 等。在闭式齿轮中，有用球墨铸铁（如 QT600-3、QT450-10、QT400-15 等）代替铸钢的趋势。

4. 非铁金属材料齿轮

在仪表中或接触腐蚀介质的轻载齿轮，常用一些耐蚀、耐磨的非铁金属制造，常用的有黄铜、铝黄铜、硅青铜、锡青铜、硬铝和超硬铝，可制造质量小的齿轮。

5. 工程塑料齿轮

在仪表及小型机械中的轻载、无润滑条件下工作的小齿轮，可以选用工程塑料制造，常用的有尼龙、聚碳酸酯、夹布层压热固性树脂等。工程塑料具有密度小、摩擦系数小、减振、工作噪声小等优点。其缺点是强度低、工作温度不高，因此不能用于制造承受较大载荷的齿轮。

三、机床齿轮的选材及热处理

机床变速箱的传动齿轮是传递动矩和调节速度的重要零件，在工作中承受一定程度的弯曲、扭转载荷及周期性冲击力的作用，齿轮表面承受一定程度的磨损，运转较平稳，速度中等。一般选用 45 钢或 40Cr 制造。其热处理要求为：调质处理（515），230~280HBW；齿表面：感应淬火和回火（521-04），50~54HRC。

传动齿轮加工工艺路线为：下料→锻造→正火→粗加工→调质→半精加工→高频感应淬火和低温回火→精磨。

热处理工艺的作用如下。

（1）正火处理　对锻造齿轮毛坯来说，正火是必需的热处理工序，它可以使同批坯件具有相同的硬度，使组织均匀，并消除锻造应力，便于切削加工。对于一般齿轮，正火处理也可以作为高频感应淬火前的最后处理工序。正火后的硬度一般为 180~207HBW。

（2）调质处理　可以使齿轮具有较高的综合力学性能，提高齿轮心部的强度和韧性，使齿轮能承受较大的弯曲应力和冲击力。调质后的齿轮由于组织为回火索氏体，在淬火时变形更小。调质后的硬度为 33~48HRC。

（3）高频感应淬火和低温回火　是赋予齿轮表面性能的关键工序，通过高频感应淬火可提高齿轮表面的硬度和耐磨性，并使齿轮表面存在压应力，从而可增强抗疲劳破坏的能力。为了消除淬火应力，高频感应淬火后进行低温回火（或自行回火），可防止研磨裂纹的产生和提高抗冲击能力。

单元三　轴类零件的选材及工艺分析

轴类零件的主要作用是支撑传动零件并传递运动和动力，是一类用量很大且占有相当重要地位的结构件。例如机床主轴，内燃机曲轴，汽轮机转子轴，汽车半轴，船舶推进器轴等，是各种机械结构中关键性的基础零件，所有回转零件（如齿轮、带轮、螺旋桨等）都要安装在轴上。轴的质量直接影响机械结构的运转精度和工作寿命。

一、轴的受力分析及性能要求

1. 轴的受力分析

转轴在工作时承受弯曲应力和扭转应力的复合作用；心轴只承受弯曲应力；传动轴主要承受扭转应力。除固定心轴外，所有做回转运动的轴所受应力都是对称循环变化的，即在交变应力状态下工作。

另外，轴在花键、轴颈等部位和其配合零件（如轮上的花键孔或滑动孔、滑动轴承）之间有摩擦和磨损，工作中轴还会受到一定程度的过载和冲击。

2. 对轴类材料的性能要求

1）具有较高的强度、足够的刚度及良好的韧性。

2）具有高的疲劳强度，以防止疲劳断裂。

3）在相对运动的摩擦部位，如轴颈、花键等处，应具有较高的硬度和耐磨性。

4）具有一定的淬透性，保证轴的淬硬层深度为半径的 $1/3 \sim 1/2$。

二、轴类零件的选材及热处理

轴类零件一般按强度、刚度计算和结构要求两方面进行设计和选材。通过强度、刚度计算保证轴的承载能力，以防止过量变形和断裂失效；结构要求用于保证轴上零件的可靠固定与拆装，并使轴具有合理的结构工艺性和运转的稳定性。

轴类零件的形状、尺寸及受力情况差别很大，例如汽轮机转子轴的直径可达 1m 以上，受力很大；普通机床主轴的直径大多在 100mm 以下；钟表用轴的直径在 0.5mm 以下，受力极小。因此，轴的选材及热处理也是多种多样的。轴的材料主要为碳素结构钢和合金结构钢，一般选用锻件或轧制型材作为毛坯。

1）轻载、低速、不重要的轴，可选用 Q235、Q275 等碳素结构钢，这类钢通常不进行热处理。

2）承受中等载荷且精度要求一般的轴，常选用优质碳素结构钢，如 35、40、45、50 钢等，其中 45 钢应用最多。为改善其力学性能，一般要进行正火或调质处理。要求轴颈等处耐磨时，还可以进行表面淬火和低温回火。

3）承受较大载荷或要求精度高的轴，以及处于强烈摩擦或高、低温等恶劣条件下工作的轴，应选用合金钢。常用的有 20Cr、40MnB、40Cr、40CrNi、20CrMnTi、12CrNi3、38CrMoAl、9Mn2V、GCr15 等。根据合金钢的种类及轴的性能，应采用调质、表面淬火、渗碳、渗氮、淬火、低温回火等热处理工艺，以发挥合金钢的潜力。

近几年来，球墨铸铁和高强度铸铁已越来越多地用作制造轴的材料，如内燃机曲轴、普通机床的主轴等，其热处理方法主要是退火、正火、调质及表面淬火等。如某厂用球墨铸铁代替 45 钢制造 X62WT 万能铣床的主轴，试用结果表明，球墨铸铁制造的主轴淬火后硬度为 52~58HRC，且变形量比 45 钢还小。

三、机床主轴的选材及热处理

机床主轴一般承受中等载荷作用，中等转速并承受一定冲击力。图 10-1 所示为普通车床变速箱的主轴。

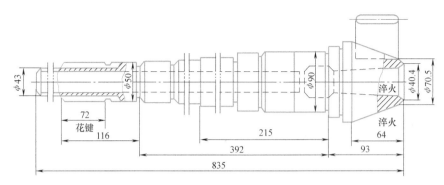

图 10-1 普通车床变速箱的主轴

1. 机床主轴的选材及工艺路线

该轴由滚动轴承支承，承受中等循环载荷及一定冲击载荷作用，中等转速，有装配精度要求，一般选用 45 钢制造。其热处理要求如下。

1）调质处理，220~250HBW，组织为回火索氏体。

2）内锥孔及外圆锥面，5141L，45~48HRC，组织为回火托氏体和少量回火马氏体。

3）花键部位，感应淬火和回火，48~52HRC，组织为回火托氏体和回火马氏体。

主轴是机床的主要零件之一，其质量好坏直接影响机床的精度和寿命。制订一个合理的工艺路线以达到热处理要求尤为重要。

机床主轴加工工艺路线为：下料→锻造→正火→粗加工→调质→精加工（花键除外）→内锥孔及外圆锥面盐浴局部淬火、低温回火→粗磨（外圆、内锥孔及外圆锥面）→铣花键→花键感应淬火、低温回火→精磨。

2. 热处理工艺的作用

1）正火的目的是消除残余应力，改善组织，获得合适的硬度（170~230HBW），以便于机械加工，并为调质处理做准备。

2）调质处理是为了使主轴获得良好的综合力学性能，提高疲劳强度和抗冲击能力。调质后硬度为 200~230HBW，组织为回火索氏体。为了更好地发挥调质的效果，将调质安排在粗加工后进行。

3）局部淬火和低温回火用于处理内锥孔及外圆锥面，以获得高的硬度和耐磨性。

4）感应淬火和低温回火（220~230℃）用于处理花键部位，以提高其表面的硬度和耐磨性，消除残余应力，保证装配精度。

需要注意的是，圆锥部分的淬火应与花键部位的淬火是分开进行的，目的是减少变形。圆锥部分淬火及低温回火后用粗磨校正淬火变形，然后进行花键的加工与表面热处理，最后用精磨来消除总的变形，从而保证主轴的装配精度。

不同工作条件下轴类零件的选材及热处理要求见表 10-1。

表 10-1 不同工作条件下轴类零件的选材及热处理要求

工作条件	材料牌号	热处理要求	应用举例
滚动轴承配合、低速、低载、精度不高、冲击不大	45	正火或调质，220~250HBW	一般工装、简易机床主轴

（续）

工作条件	材料牌号	热处理要求	应用举例
滚动轴承配合、中速、中载、精度要求中等	45	整体或局部淬火+回火,40~45HRC	摇臂钻床、龙门铣组合机床主轴
滑动轴承配合、承受冲击载荷	45	正火,轴颈表面淬火,52~58HRC	机床（如 C620 车床）和机械设备空心轴
滑动轴承配合、中载、高速、精度要求高、承受一定冲击	20Cr	渗碳+淬火+低温回火,56~62HRC	齿轮机床轴等
滚动轴承配合、中载、较高速、受冲击、较高疲劳强度、精度要求高	40Cr	调质或正火,轴颈配合表面淬火,50~52HRC	磨床砂轮轴、较大车床主轴

单元四　模具零件及箱座类零件的工艺分析

一、典型模具零件的工艺分析

1. 凹模零件的性能要求及选材

冲制硅钢片的凹模是用来加工厚度为 0.30mm 硅钢片的模具，其形状复杂，工作时承受一定冲击载荷作用，要求高强度、高硬度，具有一定的韧性及较小的淬火变形。一般选用 Cr12MnV 制造，其热处理要求为：淬火和回火，58~62HRC。

加工工艺路线为：下料→锻造→球化退火→粗加工→去应力退火→精加工→淬火和低温回火→磨削及电火花加工成形。

2. 热处理工艺的作用

1）球化退火是为了降低硬度，改善切削加工性能。

2）去应力退火是为了消除机械加工中产生的残余应力，减少变形。

3）淬火和低温回火，即采用较低的淬火加热温度和较低的回火温度，是为了获得高强度、高硬度和高耐磨性，减少变形。另外，在淬火加热前应在 500~550℃进行预热。

3. 材料 Cr12MoV 的性能分析

Cr12 属莱氏体钢，钢中存在大量铬元素，其硬度很高，耐磨性好，铬又增加了钢的淬透性；在 Cr12 中加入 Mo 和 V 后得到 Cr12MoV，除了进一步提高钢的回火稳定性和淬透性外，还进一步细化了晶粒，改善了钢的韧性，是较理想的高耐磨性、微变形冷作模具钢。

4. 锻造对模具材料的重要性

钢材的规格越大，碳化物不均匀程度越严重，不仅易产生淬火变形及开裂，而且会使热处理后的力学性能变坏，尤其是横向性能下降更多，严重影响模具的寿命。特别是精密模具和重载模具的毛坯，必须进行合理的改锻。

5. 热处理工艺的确定

选用热处理工艺要视具体要求而定。例如对 Cr12MoV 采用低温淬火（950~1000℃）及低温回火（200℃），可获得高硬度及高韧性，但抗压强度较低；采用高温淬火（1100℃）

及高温回火（500~520℃），可获得较高的硬度及高抗压强度，但韧性太差；采用中温淬火（1030℃）及中温回火（400℃），可获得最好的强韧性和较高的断裂抗力。

为了降低模具的生产成本，保证质量，在采用先进设备和制造工艺的同时，必须合理选用模具材料，合理实施热处理和表面强化工艺。

二、箱座类零件的工艺分析

1. 性能要求

箱座类零件是机械结构中的重要零件之一，其结构一般都较复杂，工作条件相差很大。箱座类零件的性能一般有如下要求。

1）主轴箱、变速箱、进给箱、阀体等，通常受力不大，要求有较高的刚度和密封性。

2）工作台和导轨等，要求有较高的耐磨性。

3）以承压为主的机身、底座等，要求有较好的刚性和减振性。

4）有些机身和支架往往同时承受拉应力、压应力和弯曲应力，甚至还承受冲击力，故要求有较好的综合力学性能。

2. 热处理要求

对于不同受力条件下的箱座类零件，其材料的选用及热处理要求也不同，大致可分为以下几类。

1）对于受力较大，要求强度、韧性高，甚至能在高温下正常工作的箱体件，如汽轮机机壳，应选用铸钢。铸钢件应进行完全退火或正火，以消除粗晶组织和铸造应力。

2）对于受力较大，但形状简单、生产数量少的箱座件，可采用钢板焊接而成。

3）对于受力不大，主要承受静载荷，不受冲击的箱座件，可选用灰铸铁；如果在工作中与其他零件有相对运动，并且有摩擦和磨损产生，则应选用珠光体基体灰铸铁。铸铁件一般应进行去应力退火。

4）对于受力不大，要求自重轻或导热好的箱座件，可选用铸造铝合金。铝合金件应根据成分不同，进行退火或固溶热处理及时效处理。

5）对于受力小，要求自重轻，工作条件好的箱座体，可选用工程塑料。

【小结】

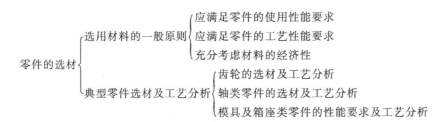

【综合训练】

一、判断题

1. 球化退火的目的是降低硬度，改善切削加工性能。（　　）

2. 去应力退火的目的是消除机械加工中产生的残余应力，减少变形。（　　）

3. 传动轴主要承受弯曲应力。（　　）

4. 齿轮的材料常用的热处理方式是高频感应淬火。（　　）

5. 正火的目的是消除残余应力，改善组织，得到合适的硬度（170~230HBW），以便于机械加工，并为调质处理做准备。（　　）

6. 根据零件断裂前变形量大小和断口形状，断裂可分为脆性断裂和非脆性断裂两种类型。（　　）

7. 调质处理是为了使主轴获得良好的综合力学性能，提高疲劳强度和抗冲击能力。（　　）

8. 材料的使用性能是指零件在使用状态下材料应具备的力学性能、物理性能、化学性能等。（　　）

9. 金属材料的耐磨性高（即磨损率小），零件的使用寿命长。（　　）

10. 零件失效就是指零件失去正常工作所具有的效能。（　　）

二、简答题

1. 简述对齿轮材料的主要性能要求。

2. 简述机床齿轮常用的热处理工艺。

3. 简述热处理工艺对零件性能的影响。

4. 选用零件材料的一般原则有哪些？

三、综合题

1. 分析齿轮的常用材料及其热处理要求。

2. 分析机床主轴的材料及其主要热处理工艺。

模块十一
CHAPTER 11
金属材料与热处理实验

实验一　铁碳合金平衡组织观察

一、实验目的

1）了解典型成分的铁碳合金在平衡状态下的显微组织特征。

2）分析含碳量对铁碳合金显微组织的影响，从而加深理解成分、组织和性能之间的相互关系。

二、实验原理

1. 铁碳合金相图

铁碳合金的平衡组织是指铁碳合金在极为缓慢的冷却条件下所得到的组织。可以根据铁碳合金相图（图 11-1），分析铁碳合金在平衡状态下的显微组织。

铁碳合金主要包括碳钢和白口铸铁，其室温组织由铁素体和渗碳体这两个基本相组成。由于含碳量不同，铁素体和渗碳体的相对数量、析出条件及分布均有所不同，因而呈现各种不同的形态。

2. 铁碳合金在室温下的组织

不同成分的铁碳合金在室温下的显微组织见表 11-1。

表 11-1　不同成分的铁碳合金在室温下的显微组织

类型及含碳量(质量分数)		显 微 组 织	侵 蚀 剂
工业纯铁，<0.02%		铁素体	4%硝酸酒精溶液
碳钢	亚共析钢，0.02%~0.77%	铁素体+珠光体	4%硝酸酒精溶液
	共析钢，0.77%	珠光体	4%硝酸酒精溶液
	过共析钢，0.77%~2.11%	珠光体+二次渗碳体	苦味酸钠溶液，渗碳体变黑或呈棕红色

（续）

类型及含碳量（质量分数）		显 微 组 织	侵 蚀 剂
白口铸铁	亚共晶白口铁，2.11%～4.3%	珠光体+二次渗碳体+莱氏体	4%硝酸酒精溶液
	共晶白口铁，4.3%	莱氏体	4%硝酸酒精溶液
	过共晶白口铁，4.3%～6.69%	莱氏体+一次渗碳体	4%硝酸酒精溶液

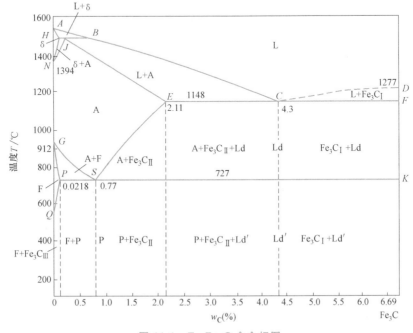

图 11-1 Fe-Fe₃C 合金相图

铁碳合金在金相显微镜下具有以下基本相和组织。

（1）铁素体（F） 铁素体是碳溶解于 α-Fe 中的间隙式固溶体。工业纯铁用 4%硝酸酒精溶液侵蚀后，显微镜下呈现白亮色的多边形等轴晶粒；亚共析钢中的铁素体呈块状分布；当含碳量接近共析成分时，铁素体则呈现断续的网状分布于珠光体周围。

（2）渗碳体（Fe₃C） 渗碳体是铁与碳形成的金属间化合物，其含碳量为 6.69%（质量分数），质硬而脆，耐蚀性强，经 4%硝酸酒精侵蚀后，渗碳体呈亮白色，而铁素体侵蚀后呈灰白色，由此可区别铁素体和渗碳体。渗碳体可以呈现不同的形态：一次渗碳体直接从液态中结晶出来，呈粗大的片状；二次渗碳体由奥氏体中析出，常呈网状分布于奥氏体的晶界；三次渗碳体由铁素体中析出，呈不连续片状分布于铁素体晶界处，数量极微，可忽略不计。

（3）珠光体（P） 珠光体是铁素体和渗碳体呈片状交替排列的机械混合物。经 4%硝酸酒精溶液侵蚀后，在不同放大倍数的显微镜下，可以看到具有不同特征的珠光体组织。高倍放大时，能清楚地看到珠光体中平行相间的宽片铁素体和细片渗碳体；放大倍数较低时，由于显微镜的分辨力小，渗碳体片很薄，这时珠光体中的渗碳体就是一条黑线；当组织较细而放大倍数较低时，珠光体的片层就不容易分辨，而呈黑色块状。

（4）莱氏体（Ld′） 莱氏体在室温时是珠光体和渗碳体所组成的机械混合物。其组织特征是在亮白色的渗碳体基体上相间地分布着暗黑色斑点状及细条状珠光体。

3. 工业纯铁的组织

根据含碳量及组织特征的不同，可将铁碳合金分为工业纯铁、碳钢和白口铸铁三大类。

$w_C<0.0218\%$的铁碳合金通常称为工业纯铁。其组织由铁素体和少量三次渗碳体组成。图 11-2 所示为工业纯铁的显微组织，其中黑色线条是铁素体的晶界，而亮白色基体则是铁素体的不规则等轴晶粒，在某些晶界处可以看到不连续的薄片状三次渗碳体。

4. 碳钢的组织

（1）亚共析钢　亚共析钢中 $w_C=0.0218\%\sim0.77\%$，其组织由铁素体和珠光体组成。随着钢中含碳量的增加，铁素体的数量逐渐减少，而珠光体的数量则相应地增多。图 11-3 所示为亚共析钢 45 钢的显微组织，其中亮白色组织为铁素体，暗黑色组织为珠光体。

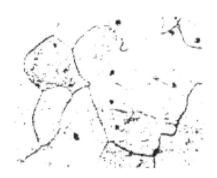

图 11-2　工业纯铁的显微组织

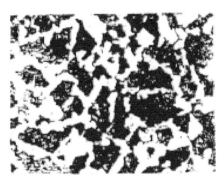

图 11-3　45 钢的显微组织（400×）

另外，也可通过直接在显微镜下观察珠光体和铁素体各自所占面积的百分数，近似地计算钢中碳的质量分数，即 $w_C\approx P\times0.77\%$，其中 P 为珠光体所占面积百分数。例如某亚共析钢在显微镜下观察到 52% 的面积为珠光体，则此钢中 $w_C\approx52\%\times0.77\%\approx0.4\%$（室温下铁素体的含碳量极微，$w_C\approx0.0008\%$，可忽略不计），此钢相当于 40 钢。

（2）共析钢的组织　$w_C=0.77\%$ 的碳钢称为共析钢，其组织为单一的珠光体，即由铁素体和渗碳体呈层片状交替排列的机械混合物。图 11-4 所示为 T8 钢的珠光体显微组织。通过金相显微观察可知，珠光体晶粒之间没有明显的晶界，片层排列方向大致相同的部分就是一个珠光体晶粒。

（3）过共析钢的组织　$w_C>0.77\%$ 的碳钢称为过共析钢，其室温下的组织由珠光体和二次渗碳体组成。钢中含碳量越多，二次渗碳体的数量就越多。图 11-5 所示为 T12 钢的显微

图 11-4　T8 钢的显微组织（400×）

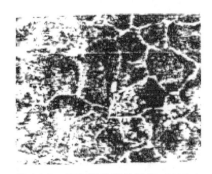

图 11-5　T12 钢的显微组织（400×）

组织，组织形态为层片相间的珠光体和细小的亮白色的网状渗碳体。

5. 白口铸铁的组织

（1）亚共晶白口铸铁　$w_C<4.3\%$ 的白口铸铁称为亚共晶白口铸铁。在室温下亚共晶白口铸铁的组织由珠光体、二次渗碳体和莱氏体组成，如图 11-6 所示。用硝酸酒精溶液侵蚀后，在显微镜下斑点状莱氏体为基体，黑色枝晶组织为珠光体。

（2）共晶白口铸铁　共晶白口铸铁中 $w_C=4.3\%$，在室温下的组织为单一的莱氏体。在显微镜下，白亮色的基体是渗碳体，暗黑色的斑点状与细条状组织是珠光体，如图 11-7 所示。

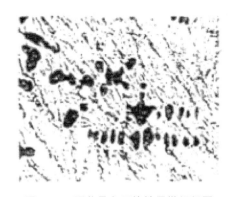

图 11-6　亚共晶白口铸铁显微组织图

图 11-7　共晶白口铸铁显微组织

（3）过共晶白口铸铁　$w_C>4.3\%$ 的白口铸铁称为过共晶白口铸铁。在室温下的组织由一次渗碳体和莱氏体组成。在显微镜下可观察到在暗色斑点状的莱氏体的基体上分布着亮白色粗大条片状的一次渗碳体，如图 11-8 所示。

图 11-8　过共晶白口铸铁显微组织图

三、实验内容

1）在本实验中，学生应根据铁碳合金相图分析各类成分铁碳合金的组织形成过程，并通过对铁碳合金平衡组织的观察和分析，熟悉钢和铸铁的金相组织和形态特征，以进一步理解成分与组织之间相互关系。

2）观察表 11-2 中所列试样的显微组织，并确定其所属类型。

表 11-2　几种碳钢和白口铸铁的显微样品

编号	材料	热处理状态	组织名称及特征	侵蚀剂	放大倍数
1	工业纯铁	退火	铁素体(呈等轴晶粒)和微量三次渗碳体(薄片状)	4%硝酸酒精溶液	100~500
2	20 钢	退火	铁素体(块状)和少量的珠光体	4%硝酸酒精溶液	100~500
3	45 钢	退火	铁素体(块状)和相当数量的珠光体	4%硝酸酒精溶液	100~500
4	T8 钢	退火	铁素体(宽条状)和渗碳体(细条状)相间交替排列	4%硝酸酒精溶液	100~500

（续）

编号	材　料	热处理状态	组织名称及特征	侵蚀剂	放大倍数
5	T12钢	退火	珠光体(暗色基体)和细网状二次渗碳体	4%硝酸酒精溶液	100～500
6	T12钢	退火	珠光体(呈浅色晶粒)和二次渗碳体(黑色网状)	苦味酸钠溶液	100～500
7	亚共晶白口铁	铸态	珠光体(黑色枝晶状)、莱氏体(斑点状)和二次渗碳体(在枝晶周围)	4%硝酸酒精溶液	100～500
8	共晶白口铁	铸态	莱氏体,即珠光体(黑色细条及斑点状)和渗碳体(亮白色)	4%硝酸酒精溶液	100～500
9	过共晶白口铁	铸态	莱氏体(暗色斑点)和一次渗碳体(粗大条片状)	4%硝酸酒精溶液	100～500

实验二　铁碳合金非平衡组织观察

一、实验目的

1）观察碳钢经不同热处理后的基本相和组织。
2）了解热处理工艺对钢组织和性能的影响。
3）熟悉碳钢的几种典型热处理组织的形态及特征。

二、概述

碳钢经退火、正火可得到平衡或接近平衡组织,经淬火得到的是非平衡组织。因此,研究热处理后的组织时,不仅要参考铁碳合金相图,更主要的是参考钢的奥氏体等温转变图（C曲线）。

铁碳合金相图能说明慢冷时合金的结晶过程和室温下的组织,以及相的相对量,C曲线则能说明一定成分的钢在不同冷却条件下所得到的组织。C曲线适用于等温冷却条件,而CCT曲线（奥氏体连续冷却转变图）适用于连续冷却条件。在一定的程度上用C曲线也能够估计连续冷却时的组织变化。

1. 共析钢等温冷却时的显微组织

共析钢过冷奥氏体在不同温度等温转变的组织及性能见表11-3。

表11-3　共析钢过冷奥氏体在不同温度等温转变的组织及性能

转变类型	组织名称	形成温度范围/℃	显微组织特征	硬度HRC
珠光体型转变	珠光体(P)	>650	在400～500倍金相显微镜下可以观察到铁素体和渗碳体的片层状组织	<20(180～200HBW)
	索氏体(S)	600～650	在800～1000倍以上的显微镜下才能分清片层状特征,在低倍下片层模糊不清	25～35
	托氏体(T)	550～600	用光学显微镜可观察到呈黑色团状组织,只有在电子显微镜(5000～15000倍)下才能看出片层状	35～40

（续）

转变类型	组织名称	形成温度范围/℃	显微组织特征	硬度 HRC
贝氏体型转变	贝氏体（$B_上$）	350~550	在金相显微镜下组织呈暗灰色的羽毛状特征	40~48
	下贝氏体（$B_下$）	230~350	在金相显微镜下组织呈黑色针叶状特征	48~58
马氏体型转变	马氏体（M）	<230	在正常淬火温度下,组织为细针状的马氏体(隐晶马氏体);过热淬火时,组织则为粗大片状的马氏体	60~65

2. 共析钢连续冷却时的显微组织

为了简便起见,而用 C 曲线（图 11-9）来分析。对于共析钢过冷奥氏体,在慢冷时（相当于炉冷,见图 11-9 中的 v_1）,得到 100% 的珠光体;当冷却速度增大到 v_2 时（相当于空冷）,得到的是较细的珠光体,即索氏体或托氏体;当冷却速度增大到 v_3 时（相当于油冷）,得到的是托氏体和贝氏体;当冷却速度增大至 v_4、v_5 时（相当于水冷）,很大的过冷度使奥氏体骤冷到马氏体转变开始点（Ms）后,瞬时转变成马氏体,其中与 C 曲线"鼻尖"相切的冷却速度（v_4）称为淬火的临界冷却速度。

3. 亚共析钢和过共析钢连续冷却时的显微组织

与共析钢相比亚共析钢的 C 曲线,只是在其上部多了一条铁素体先析出线,如图 11-10 所示。

当奥氏体缓慢冷却时（相当于炉冷,图 11-10 中的 v_1）,转变产物接近平衡组织,为珠光体和铁素体。随着冷却速度的增大,即 $v_3>v_2>v_1$ 时,奥氏体的过冷度逐渐增大,析出的铁素体越来越少,而珠光体的量逐渐增加,组织变得更细,此时析出的少量铁素体多分布在晶粒的边界处。

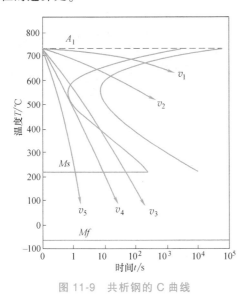

图 11-9 共析钢的 C 曲线

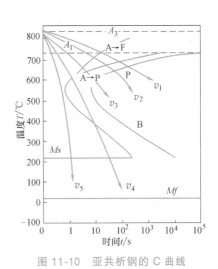

图 11-10 亚共析钢的 C 曲线

因此,v_1 时的组织为铁素体+珠光体;v_2 时的组织为铁素体+索氏体;v_3 时的组织为铁素体+托氏体。

当冷却速度为 v_4 时，析出很少量的网状铁素体和托氏体（有时可见到少量贝氏体），奥氏体则主要转变为马氏体和托氏体；当冷却速度 v_5 超过临界冷却速度时，钢全部转变为马氏体组织。

过共析钢的转变与亚共析钢相似，不同之处是后者先析出的是铁素体，而前者先析出的是渗碳体。

4. 各组织的显微特征

（1）索氏体（S） 是铁素体与渗碳体的机械混合物，其片层比珠光体更细密，在高倍（700 倍以上）显微放大时才能分辨。

（2）托氏体（T） 也是铁素体与渗碳体的机械混合物，其片层比索氏体还细密，在一般光学显微镜下也无法分辨，只能看到如墨菊状的黑色形态。当其少量析出时，沿晶界分布，呈黑色网状，包围着马氏体；当析出量较多时，呈大块黑色团状，只有在电子显微镜下才能分辨其中的片层（图 11-11）。

（3）贝氏体（B） 为奥氏体的中温转变产物，也是铁素体与渗碳体的两相混合物。在显微形态上，主要有以下三种形态。

1）上贝氏体是由成束平行排列的条状铁素体和条间断续分布的渗碳体组成的非层状组织。当转变量不多时，在光学显微镜下为成束的铁素体条向奥氏体晶内伸展，具有羽毛状特征。在电子显微镜下，铁素体以几度到十几度的小位向差相互平行，渗碳体则沿条的长轴方向排列成行，如图 11-12 所示。

图 11-11　托氏体+马氏体

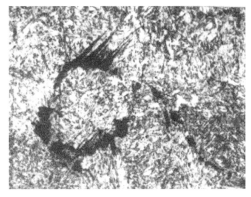

图 11-12　上贝氏体+马氏体

2）下贝氏体是在片状铁素体内部沉淀有碳化物的两相混合物组织。它比淬火马氏体易受侵蚀，在显微镜下呈黑色针状（图 11-13）。在电子显微镜下可以见到，在片状铁素体基体中分布有很细的碳化物片，它们大致与铁素体片的长轴成 $55° \sim 60°$。

3）粒状贝氏体是最近十几年才被确认的组织。在低、中碳合金钢中，特别是连续冷却时（如正火、热轧空冷或焊接热影响区）往往容易出现，在等温冷却时也可能形成。它的形成温度范围大致在上贝氏体转变温度区的上部，由铁素体和它所包围的小岛状组织组成。

（4）马氏体（M） 是碳在 α-Fe 中的过饱和固溶体。马氏体的形态按含碳量主要分为两种，即板条状和针状，如图 11-14 和图 11-15 所示。

1）板条状马氏体一般为低碳钢或低碳合金钢的淬火组织。其组织形态是由尺寸大致相同的细马氏体条定向平行排列组成的马氏体束或马氏体领域。在马氏体束之间位向差较大，

图 11-13 下贝氏体

图 11-14 回火板条马氏体

一个奥氏体晶粒内可形成几个不同的马氏体束。板条状马氏体具有较低的硬度和较好的韧性。

2）针状马氏体是含碳量较高的钢淬火后得到的组织。在光学显微镜下呈竹叶状或针状，针与针之间成一定的角度。最先形成的马氏体较粗大，往往横穿整个奥氏体晶粒，将奥氏体晶粒分割，使以后形成的马氏体的大小受到限制。因此，针状马氏体的大小不一。有些马氏体有一条中脊线，并在马氏体周围有残留奥氏体。针状马氏体的硬度高而韧性差。

（5）残留奥氏体（$A_{残}$） 是碳的质量分数大于 0.5% 的奥氏体淬火时被保留到室温不转变的那部分奥氏体。它不易受硝酸酒精溶液的侵蚀，在显微镜下呈白亮色，分布在马氏体之间，无固定形态。图 11-16 所示为 $w_C = 1.2\%$ 的碳钢正常淬火（780℃加热）后的组织，组织为马氏体+粒状渗碳体+少量残留奥氏体。

图 11-15 针状马氏体+残留奥氏体

图 11-16 马氏体+粒状渗碳体+少量残留奥氏体

（6）钢的回火组织与性能

1）回火马氏体是低温回火（150~250℃）组织。它保留了原马氏体的形态特征。针状马氏体回火析出了极细的碳化物，容易受到侵蚀，在显微镜下呈黑色针状。低温回火后马氏体针变黑，而残留奥氏体不变仍呈白亮色。低温回火后可以部分消除淬火钢的内应力，增加韧性，同时仍能保持钢的高硬度。

2）回火托氏体是中温回火（350~500℃）组织。回火托氏体是铁素体与粒状渗碳体组成的极细混合物。铁素体基体基本上保持了原马氏体的形态（条状或针状），第二相即渗碳体则析出在其中，呈极细颗粒状（图11-17），用光学显微镜极难分辨。中温回火后，钢有很好的塑性和一定的韧性。

3）回火索氏体是高温回火（500~650℃）组织。回火索氏体是铁素体与较粗的粒状渗碳体所组成的机械混合物。对于碳钢，回火索氏体中的铁素体已经再结晶，呈等轴细晶粒状。经充分回火的索氏体已没有原马氏体的形态。在大于500倍的光学显微镜下，可以看到渗碳体微粒（图11-18）。回火索氏体具有良好的综合力学性能。

应当指出，回火托氏体、回火索氏体是淬火马氏体回火时的产物，它们的渗碳体是颗粒状的，且均匀地分布在铁素体基体上；而淬火索氏体和淬火托氏体是奥氏体过冷时直接形成的，其渗碳体呈片状。回火组织较淬火组织在相同硬度下具有较高的塑性与韧性。

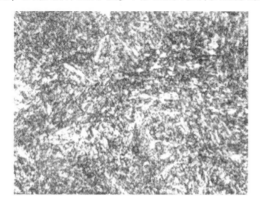

图 11-17　回火托氏体

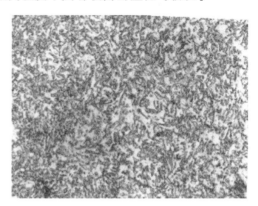

图 11-18　回火索氏体

三、实验内容及方法

1. 实验内容

1）观察表11-4所列试样的显微组织。

表 11-4　实验要求观察的样品

序号	材料牌号	热处理工艺	侵蚀剂	显微组织特征
1	45	860℃炉冷(退火)	3%硝酸酒精溶液	P+F(白色块状)
2	45	860℃空冷(正火)	3%硝酸酒精溶液	S+F(白色块状)
3	45	860℃淬油	3%硝酸酒精溶液	$M_{细小}$+T(沿晶的黑色网)
4	45	860℃淬火 200℃回火	3%硝酸酒精溶液	回火 M
5	45	860℃淬火 400℃回火	3%硝酸酒精溶液	回火 T
6	45	860℃淬火 600℃回火	3%硝酸酒精溶液	回火 S
7	45CrNiMo	860℃加热,500℃等温	3%硝酸酒精溶液	$B_{上}$(羽毛状)
8	T8	760℃加热,300℃等温	3%硝酸酒精溶液	$B_{下}$(黑色竹叶状)
9	T12	760℃球化退火	3%硝酸酒精溶液	$P_{球状}$(F+细粒状 Fe_3C)
10	T12	760℃淬火(淬火)	3%硝酸酒精溶液	$M_{细针}$+Fe_3C(白色粒状)
11	T12	1000℃淬火(淬火)	3%硝酸酒精溶液	$M_{粗针}$+残留奥氏体(白块状)

2）描绘出所观察样品的显微组织示意图，并注明材料、热处理工艺、放大倍数、组织名称及侵蚀剂等。

2. 实验方法

（1）实验材料及设备

1）金相显微镜。

2）金相图谱及放大的金相图片。

3）经各种不同热处理的金相试样。

（2）实验步骤

1）观察各类不同热处理工艺后的组织时，可采用对比的方式进行分析。例如正常与不正常淬火；水淬与油淬；淬火马氏体与回火马氏体等。

2）对于各种不同温度回火后的组织，可采用高倍放大进行观察，可以参考有关金相图谱。

3. 实验报告

1）写出实验目的。

2）画出所观察样品的显微组织示意图。

3）说明所观察样品中的组织。

4）比较并讨论直接冷却得到的 M、T、S 和淬火、回火得到的 $M_{回火}$、$T_{回火}$、$S_{回火}$ 的组织形态和性能差异。

实验三　金属材料拉伸试验

一、实验目的

1）观察低碳钢和铸铁在拉伸过程中的各种现象（屈服、强化和缩颈等）。

2）测定金属材料的强度（R_{eL}、R_m）和塑性指标（A、Z）。

3）观察断口，比较低碳钢和铸铁两种材料的拉伸性能和破坏特点。

二、实验设备、工具和材料

1）万能材料试验机、划线机各一台。

2）游标卡尺一把。

3）低碳钢和铸铁拉伸试样各若干个。

三、实验步骤和注意事项

1. 实验步骤

1）检查试样表面是否有明显的刀痕、磨痕或机械损伤等。在划线机上测出试样标距长度 L_0，并做标记；用游标卡尺测量试样直径 d_0。

2）根据试样材料，估算拉断的最大拉伸力，选择指示度盘的测量范围，悬挂相应的摆砧并调节缓冲阀至相应位置。

3）将试样一端装夹在试验机的上夹头中，升降下夹头至适当位置，并夹紧试样另一端。

4）将测力度盘指针调零，开动机器，缓慢地加载荷。当测力盘指针来回摆动或几乎不动时，为屈服现象，此时记录载荷 F_s；然后指针继续转动，当载荷达到某一数值时，指针开始回转，此时试样出现缩颈现象，记录载荷 F_m，直至拉断试样。

5）试样拉断后，停机，取下试样。将已拉断的试样接合，用游标卡尺测量拉断后标距长度 L_u 和断口处最小直径 d_u，并记录。

2. 注意事项

1）试验前了解试验机的结构、工作原理，检查各部分运行是否正常。

2）试样安装必须正确，防止试样因偏斜、夹入部分过短等影响试验效果。

3）试验时听见异常声音或发生任何故障，应立即停止，并马上报告试验指导教师。

四、实验数据记录

将实验结果填于表 11-5 中。

表 11-5　拉伸试验结果记录

试验材料		低碳钢	铸铁
原始标距和直径 /mm	L_0		
	d_0		
拉断后标距和直径 /mm	L_u		
	d_u		
拉伸载荷/N	F_m		
	F_s		
试验结果计算	R_{eL}/MPa		
	R_m/MPa		
	$A(\%)$		
	$Z(\%)$		

参 考 文 献

［1］ 强文江，吴承建. 金属材料学［M］. 3 版. 北京：冶金工业出版社，2016.

［2］ 宋杰，吴海霞. 工程材料与热加工［M］. 2 版. 大连：大连理工大学出版社，2010.

［3］ 王贵斗. 金属材料与热处理［M］. 2 版. 北京：机械工业出版社，2015.

［4］ 邓文英，郭晓鹏，邢忠文. 金属工艺学：上册［M］. 6 版. 北京：高等教育出版社，2017.

［5］ 王运炎，朱莉. 机械工程材料［M］. 3 版. 北京：机械工业出版社，2009.